自我决定的生活

THE
MILLIONAIRE
MIND

BY THOMAS J. STANLEY

[美] 托马斯·斯坦利 著

庞子杰 译

新星出版社　NEW STAR PRESS

新经典文化股份有限公司
www.readinglife.com
出 品

目　录

第 1 章　谁在过自我决定的生活 / 1

第 2 章　获得财务自由的要素 / 27

第 3 章　学校成绩不能决定你的未来 / 80

第 4 章　勇气与财富 / 118

第 5 章　发现你的事业 / 155

第 6 章　选择配偶 / 198

第 7 章　高经济产出家庭 / 235

第 8 章　住房和投资 / 257

第 9 章　财务自由者的真实生活 / 302

第 10 章　最后的提示 / 323

致　谢 / 329

第 1 章　谁在过自我决定的生活

　　我们的社会中有这样一群人，他们家庭美满，财务独立，乐于享受生活，而非"只工作、不休闲"，他们中的大多数人只用了一代人的时间就实现了财务自由。这种生活并不是靠信贷消费得来的，他们不是信用卡的奴隶。他们如何平衡享受生活、高经济产出与积累财富的需求？这一切都是因为他们拥有自我决定生活的智慧。

　　在我研究富人群体的职业生涯早期，我就瞥见过这部分人。1983 年，我被邀请采访了俄克拉荷马州的 60 位财务自由者，从他们身上学到了一个很简单但对我影响深远的道理：如果你沉迷于消费和滥用信用卡，就无法真正享受生活。这 60 位财务自由者是我所关注的 10 个研究小组中的一组，这 10 个研究小组的成员均为企业主、管理者或者专家，都是白手起家实现财务自由的人。其中一些人虽然在职业生涯早期依赖信贷消费，但最终醒悟过来，打破了"借钱消费——赚钱还贷——借更多钱"的恶性循环，更多的人则从未沉溺于信贷消费或炫富。

这10个研究小组的成员都拥有千万美元资产，住在设施齐全的老社区的精致住宅中，开国产汽车。在生活和事业之间，他们会选择生活。他们会花大量时间与家人和朋友相处，很少借钱，并且大多在45岁之前就已变得富有。这次采访原本安排了2小时，但实际上持续了近4小时。其间我只问了几个问题，但每个人都乐于主动分享自己实现财务自由的故事。

关于如何取得财务上的成功，我们收集到许多重要的观点。其中有一个观点尤其令人印象深刻，是吉恩提出来的。他说，那些依赖信贷消费的人本质上受控于其他人或机构。

吉恩年近50岁，是一名"企业救援"公司的老板，从各种金融机构手中购买或者说"救援"房地产，这些金融机构有一些贷款被借款人拖欠了6个月以上。就在这次采访前的几周，吉恩从一家有过多次合作的金融机构手中救援了68处房产、1个购物中心和5栋公寓。签署交易合同后，这家金融机构的高级信贷主管示意吉恩随他走到位于顶层的办公室窗前。这是一栋视野极好的高楼，四周环绕着密集的商业建筑，从这里甚至可以看到远方地平线处的居民区。

当吉恩望向窗外时，那位信贷主管指着这些住宅、写字楼、车库和商店，说出了让吉恩久久难以忘怀的话：

> 我们（贷款方）拥有这一切。外面那些企业呢？他们（借款人）只是为我们这样的金融机构经营那些企业而已。

在今天，有多少人表面上开着"自己的公司"、从事"自己的专业工作"，实际上却在为贷款方工作，受贷款方控制？有多少人住着豪宅，却为了向债权人还款而不得不辛勤工作？有多少人开着租来的车？但吉恩不是，他所在的研究小组里的其他成员也不是。他们拥有经营生活的智慧，都住着好房子，但没有一个人身负巨额贷款。

我从吉恩那里学到的这个道理，被本书中的其他实现财务自由的人反复印证。他们相信享受生活和积累财富可以兼得，不用节衣缩食也可以在经济上取得成功，但必须有一些约束条件，我们稍后会探讨。

然而，有一些人虽然不受信贷机构控制，却被贪婪俘虏。作为守财奴，他们甚至会欺骗自己的配偶和孩子，金钱就是他们的上帝，这些人不具备经营生活的智慧。一位富有洞察力的财务自由者曾说过：

> 我告诉儿女，"金钱不是上帝。你要控制金钱，而不要让金钱控制你"。

本书中介绍的大部分人都是在一代人的时间里过上了自我决定的生活。他们白手起家，没有从遗产或者信托账户中获得巨额财富。他们是怎么成为财务自由者的呢？这一切都源自他们经营生活的智慧。

虽然大部分人可能永远不会获得与这些富有且善于经营生活的人比肩的净资产，短期内也不会拥有千万资产，但如果能学会如何在快乐生活的同时有效积累财富，我们仍将受益匪浅。即使在所谓的高收入人群中，也没有多少人知道怎样实现这个理想。

靠资产还是靠收入

我曾经做过一些研究，并将研究结果整理成了《邻家的百万富翁》一书，这本书帮助人们对美国富裕阶层有了更深入的理解。此后我决定进一步扩大调查范围，从更富有的人群中吸纳更多研究样本。新的调查同样致力于从财务自由者身上发掘一套不同于常人的行事特征和生活方式，力求更深入、更全面地呈现他们的生活智慧。

寻找合适的样本很困难。可能会有人问，为什么不调查美国所有的家庭呢？因为在美国，大约只有4.9%的家庭净资产达到或超过了100万美元。我们也不能只调查住在豪宅中的人，他们通常只是"收入型富人"——有高收入、住大房子，但净资产少、负债高。他们是申请贷款的专家，并且这类贷款通常都不会关注借款人的真实净资产状况。

与之形成鲜明对比的是"资产型富人"。这些人具备经营生活的智慧，他们致力于积累财富，净资产总额远远超过负债，几乎没有未偿还的贷款。

如果调查全美国住豪宅的人，会发现一个有趣的现象，其中有很多人是收入型富人。我一直相信，如果一个社区能吸引并留住收入型富人，那它可能不会吸引资产型富人。调查结果证实了我的假设。

为了获得资产型富人的典型样本，我向我的朋友兼合伙人乔恩·罗宾寻求建议。他是人口地理学领域的权威，这门学科主要研究生活在特定地理区域内的人群的主要特征，这些地理区域通常都有统一的邮政编码，但我想以更小的地理范围——社区——为研究区域，最好是居民少于50户的社区。

我向乔恩说明了要求，他立刻帮我解决了。作为哈佛大学毕业的数学家、才华横溢的研究员，他根据强大的人口地理学数据库建立了一个复杂的数学模型，用于评估美国大多数社区的居民净资产特征。

乔恩发现，在某些社区中，拥有大量投资收入、实现了财务自由、具备经营生活智慧的人高度集中。他从226 399个社区数据库中选取了2 487个社区，用数学模型评估出这些社区中真正的富人。我们从中随机抽取了5 063个家庭，组成了一个来自全美国的样本，并给每个家庭发放了一份调查问卷。

在收回的1 001份有效的调查问卷中，有733份出自拥有百万资产的家庭。对这些人的调查研究成果为本书的观点提供了大量实证。大多数参与者居住在兴建较早、久负盛誉、中上阶层聚集的社区，房子大多建于20世纪40—50年代甚至更早。什么？房子里没有安装5个按摩浴缸？不在华丽的新开发区？在选择房子和邻居的问题上，这些人似乎不太时髦，而且大多数参与者几乎没有房贷。

我在更早的一篇文章[①]中，介绍了如何按照随机原则选择样本。每一位受访者要完成一份长达9页的问卷，包括277个问题。这是我承担过的最具综合性的项目，调查数据的收集和统计工作由美国最顶尖的调查机构之一——位于阿森斯的佐治亚州立大学行为研究所调查研究中心负责。此外，他们还承担了数据分析任务。

[①] 参见托马斯·斯坦利、墨菲·休厄尔的《富裕消费者对于购物中心调研的反馈》，《广告研究》，1986年6～7月（Thomas Stanley, Murphy A. Sewall, "The Response of Affluent Consumers to Mall Surveys", *Journal of Advertising Research*, 6-7, 1986）。

问卷和调研以 638 位资产超百万美元的富人为特别样本展开，所有人列出的收益表和资产负债表状况都满足申请巨额抵押贷款的条件。我和我的团队负责组织这次调研，通过对这些财务自由的人进行访谈、对研究小组进行分析，总结出具有代表性的重要案例。

完全领悟他们的人生智慧并不容易，但我们的结论会帮助读者理解他们积累财富和决定生活的方法。

揭开财务自由者的神秘面纱

以下是以人口比例为统计指标的调研结果，我们将以第一人称来描述这些财务自由者——资产型富人。

家庭状况

- 我今年 54 岁，配偶与我同岁，我们已经结婚 28 年了。我们当中有 1/4 的人和配偶共同生活了 38 年以上。
- 每家平均有 3 个孩子。
- 92% 的人都已结婚，已婚人士中 95% 都有孩子。
- 仅有 2% 的人没有结过婚，3% 的人因丧偶独居。

财务状况

- 我们的财务状况都不错。平均而言，家庭净资产约为 920 万美元，中位数为 430 万美元。其中，那些财富水平极高的受访者提高了整体净资产的平均水平。

- 我们的家庭平均实际年收入是 74.9 万美元，中位数是 43.6 万美元。那些年收入超过 100 万美元的家庭（约占 20%）提高了平均值。
- 我们的财富值和收入水平都很高，但买车的花费从未超过 4.1 万美元，婚戒不超过 4 500 美元。我们和配偶理发从来不超过 38 美元（包括小费），有 1/4 的人理发甚至不超过 24 美元。我们买房子不超过 34 万美元，买车不超过 3.09 万美元，买婚戒不超过 1 500 美元。有一部分人（大约占已婚人士的 7%）没有买婚戒，而是选择用亲人传下来的。

遗产继承状况
- 我们住优质社区的好房子，但只有 2% 的人的房产是全部或部分来自遗产继承。
- 近 8% 的人有一半以上的净资产是靠继承得来的，有 61% 的人没有收到任何遗产、赠予或是由信托账户带来的收入。

房产类型
- 97% 的人拥有自己的房产。
- 我们目前的住房购买得早，均价 558 718 美元，中位数是 435 000 美元。目前，我们的住房平均价值为 1 381 729 美元，中位数约为 750 000 美元。因此，我们享受到了住房的合理增值，增加了净资产。
- 尽管房价很高，但我们未还完的按揭贷款很少。
- 61% 的人目前的房产价值超过 100 万美元，但只有 25% 的人的房产在购买时就超过了 100 万美元。

- 我们当中有 10% 的人在 1987 年股市暴跌后的 3 年内买了一套房子，其他人大多买的是法院拍卖的丧失赎回权的房屋。
- 我们住的房子大多是在 40 年前建造的，有 25% 的人的房子建于 1936 年以前，大约只有 10% 的人的住房是最近 10 年建的。
- 近 10 年间，53% 的人没有搬过家，只有 23% 的人搬家两次以上。
- 只有 27% 的人买过建造中的住宅。我们相信，买现房最好，不仅可以节约时间，还能省下更多的钱。
- 哪些人买在建房的概率最小？律师！真好奇他们为什么如此不愿意自己建造房子。

关于职业

- 我们当中大约有 32% 的人是企业主或创业者，近 16% 的人是公司高管，10% 的人是律师，9% 的人是医生。另外 33% 的人包括退休人员、公司中层管理人员、会计师、营销专家、新业务拓展经理、工程师、建筑师、教师和教授等。
- 总体而言，企业主是我们当中最富有的人，不过公司高管通常也在高净值群体之列，他们在百万净资产群体中占 16%，在千万净资产群体中占比近 26%。
- 将近 50% 的百万净资产家庭的非主要收入成员不外出工作，工作的人中有 7% 的企业主或创业者、5% 的营销专家、4% 的公司中层管理人员、4% 的律师、3% 的教师、3% 的公司高管和 2% 的医生。
- 大约有 2/3 的千万净资产财务自由者称其家庭的非主要收入

成员不在外工作，工作的人大约有50%从事兼职。

教育

• 我们都受过良好教育。其中90%的人大学毕业，超过52%的人有过继续深造的经历。

自我决定的生活方式

根据调查，我们还总结出了这群财务自由的人的其他一些共性特征。

• 我们财务自由，但仍倾向于舒适而非奢侈的生活方式。

• 许多人"聚集"在遍布全国的中上阶层社区。我们住着舒适的房子，但几乎没有未偿贷款。我们喜欢在房产市场供大于求时买房子。

• 几乎所有人都已婚并且有孩子，大多数人都相信家庭幸福与财富积累相辅相成。

• 我们都是白手起家。

• 平均每两年出国旅游一次。

• 只有极少数人是美国优秀大学生荣誉学会会员，也只有极少数人的SAT（学术能力评估测试）成绩在1 400分以上。

• 大多数人热爱自己选择的职业，就像一位朋友所言："这不是工作，而是一种我热爱的劳动。"

• 很少有人单纯为了赚钱而在工作日凌晨三四点起床。

- 许多人定期打高尔夫球或网球，打高尔夫球与净资产水平呈正相关关系。
- 在工作中，我们并非事必躬亲。喜欢那样做的人，财富值明显低于我们的平均水平。
- 我们富有并且诚信，相信诚信对成功有重要影响。
- 我们不是工作狂，会花许多时间与家人相处，参加社交活动。工作时，我们非常努力，尽量使收益最大化。
- 我们会花时间规划投资，经常咨询税务顾问。许多人会找时间参加信仰活动，积极为崇高事业筹措资金。
- 我们相信，完全可以在实现财务目标和享受生活之间找到平衡。参加生活中各项活动的频率与净资产水平呈正相关关系。
- 通常，我们在参加活动时结识的人最终会成为我们的委托人、客户、供应商或者好朋友。
- 有句谚语说得很有道理：生命中最美好的事物是免费的，或者至少价格合理。参加孩子的体育活动、参观博物馆或者与好朋友打桥牌都不用花多少钱，比起去赌场好多了。

获得财务自由的要素

在本书的第2章，财务自由者列出了30种对他们影响深远的成功要素，他们认为这些要素对于获得成功非常重要。他们的信条与许多流行观点并不一致，他们与好莱坞电影刻画的老套形象截然不同，没有一位财务自由者提到了美貌或超模身材。许多善意的父母、顾问、教师，甚至华尔街一些最好的投资专家，都与这些财务自由者中的大多数观点不一。

他们曾反复提到5个影响成功的核心要素。请你拿出一张纸，写下它们，然后把这张清单放进钱包，并且复印一份贴在电视旁。下次在电视上看到彩票或者赌场广告时，就看一眼这个清单。

- 诚信——对所有人诚实。
- 自律——对自己有控制力。
- 社交能力——懂得与人相处。
- 选择支持自己的配偶。
- 努力工作——比大多数人更努力。

好运在30个成功要素中排在第27名，几乎垫底，但他们提到了很多运气要素，如经济形势，它实实在在地影响着人们的净资产。

有人可能会有疑问，还有许多人具备上述的5个核心要素，却没有获得成功，这是为什么？这5个核心要素，如果缺少其中一个或几个会怎么样？根据对众多案例的研究，如果没有做到以上5点，取得成功的概率会很小；如果你还不富有，只要做到这些，再加上一些其他要素，未来你就有可能成功。

- 我们是如何只用一代人的时间实现财务自由的？我们大多数人都看到了别人忽视的机遇，假如有机会获得高收益，我们愿意为此承担财务风险，对于创业者来说更是如此。我们知道，一个人承担财务风险的意愿与其财富水平高度相关。与投资股市不同，这更多地是在投资自己、自身职业、专业能力和自己的企业等。
- 我们大多数人具备强大的领导才能。我们有能力向雇员和供应商推销我们的理念，向目标客户销售我们的产品。

• 为什么社会对我们如此慷慨,给予了我们丰厚的回报?因为我们能够提供需求量大但市场上少有的产品或服务。选择销售领域、决定投资项目时,我们都不盲目从众。

高智商有多重要

实现财务自由的人都智力超群吗?他们都是顶级大学的毕业生吗?人们认为,智力超群的人分析性智力也很强,而对分析性智力的考量被纳入了标准化智商测试。在研究中,我参考了现成的SAT分数而不是智商测试得分,我发现财务自由者的分析性智力、SAT成绩与GPA(平均绩点)的排名相关。

表 1-1　财务自由者的 GPA 和 SAT 成绩

(样本数:733)

学术测试	职业分类					所有人
	企业主和创业者	公司高管	律师	医生	其他	
比例	32%	16%	10%	9%	33%	100%
GPA[1] (样本数:715)	2.76	2.93	3.04	3.12	2.96	2.92
SAT 分数 [2] (样本数:444)	1 235	1 211	1 262	1 267	1 090	1 190

[1] GPA 为 4.00 分制:A=4, B=3, C=2, D=1。
[2] SAT 考试的总分是 1 600 分。

财务自由者们认为自己智力超群吗？或者说，智商要素对取得财务自由有多大影响？从表1-1中可知：

- 受过良好教育并不是说我们都以优异的成绩从大学毕业，我们的平均绩点仅为2.92。
- 我们的SAT平均分是1 190分，明显高于及格线，但仍不足以获得顶尖大学的录取通知书。我们大多数人没有就读顶尖大学，而且在填写调查问卷时，我们明确表示从顶尖大学毕业不是获得财务自由的重要因素。
- 平均1 190分的SAT分数甚至也被高估了。有近90%的A等生能够回忆起他们的分数，而C等生只有大约一半的人还记得。我们知道，SAT分数与GPA密切相关，如果按照GPA估算那些不能回忆起SAT分数的C等生的成绩，平均分大概会降低近100分！
- 这些标准化考试的成绩表明，我们没有高智商、没有进入法学院的能力、没有学医的天分、没有攻读MBA（工商管理学硕士学位）的资格。
- 只有极少数人拥有高智商。面对这一事实，我们经常感到疑惑，思考自己是怎样取得财务自由的。我们的成功与智商无关吗？还是因为我们总是在以勤补拙？

学校成绩不能决定你的未来

什么样的在校经历促使这些人实现经济上的高产出？有一点很清楚，他们在学校学到的远不止教科书里的内容。大多数实现财务自由的人告诉我们，在大学里他们学会了坚持、与人相处、自律和明辨是非。在这个群体中有一部分人非常优秀，他们在学校努力学习，但没有以全优成绩毕业。虽然 SAT 成绩并不出众，但他们非常特别。他们说：

• 我们的 SAT 成绩不到 1 000 分，但我们仍然实现了经济上的高产出。这其中有 72% 的人曾经被贴上"能力一般"或"较差"的标签。我们不得不学着无视负面信息，坚持为自己的目标而奋斗。

• 大多数人相信自己从教育经历中获益。93% 的人表示，在校经历让他们认识到：在实现成功时，勤奋比高智商更重要。

• 大多数人都认为，在校经历对于提高合理分配时间和准确判断他人的能力很重要。

财务自由群体中有许多人不是全优生，但他们确实从学校教育中受益良多。不仅仅是学好专业核心课程，自律性和坚持不懈的精神也是在校期间的重要收获。

学会抓住机遇

一个自认为平凡的人坚信，像他这样的普通人必须学会把握机遇。他设立了一项奖学金，希望有更多资质平平的人也有机会获得成功。这个人就是沃伦·比尔克，他在位于明尼阿波利斯市的母校——罗斯福高中设立了一项总额 100 万美元的奖学金，每年会有 10 位成绩中等但出勤率高、态度积极的学生获奖，奖金为公立大学学费的一半，剩下的部分由获奖者自己努力想办法解决。比尔克希望他们能进入大学，这样就能和有着不同文化背景的人近距离接触。

比尔克为什么如此关注这些学生？"有些事情对聪明的小孩来说很简单，"他说，"所以他们不必太投入、太努力，于是时常错过机遇；而资质平平的学生更加投入，因而有可能获得更多机遇。"

比尔克强调"机遇"这个词，他希望大学教育能帮助这些孩子发挥更多潜力，他相信他们懂得把握机遇。

"我确信成功与一个人所处的环境和遇到的人有关系，"他说，"没有人只靠自己就能取得成功，正确的关系是与周围的人共同进步。在我的一生中，总会遇到能帮助我变得更好的人。"

比尔克是明尼苏达州明尼通卡市一家医疗设备公司负责投资者关系维护的副总裁。这家公司正在研发一种可以注射进膝关节的药物，这样关节炎患者就不必更换整个膝关节了，目前该药物正在国外进行临床试验。这是比尔克参与创办和募集初始资金的第 7 家医疗设备公司。一个在校期间表现很普通的人如何创办前沿医药公司并成功上市，又以数百万美元的价格将它卖给大型医药集团呢？

比尔克在罗斯福高中上学时，家里并没有多少钱。母亲在一家干洗店上班，每天工作 12 小时，尽管他并不擅长学习，母亲仍然通过辛苦工作供他完成了高中学业。"如果想成功，就必须去上学。"他说，"我不是优等生，在学校学的不多，但我每天都去上学。"

一名高中辅导老师是第一个指引他接近机遇的人。这名老师说服他参加了高中阶段的最后一次 SAT 考试，尽管成绩不是太好，但足以进入一所四年制公立大学。

"我没想过上大学，"他说，"比尔克家过去也没有人上过。"但是这名辅导老师改变了这一切，并直接改写了比尔克的人生。他还帮比尔克在摩海德州立大学找到了一份工作，借此来赚钱读完大学。比尔克住在学校宿舍，在学校结识的教授和同学让他看到了不同的人生道路。

大学毕业后，他在医疗设备行业找到了一份销售的工作。他努力工作，不断升职，后来创办了自己的公司并投资新的医药公司。

"我不是一名优秀的学生，大学毕业时的平均成绩大概是C+或B。如果没有这位辅导老师劝说我上大学，最后我可能会在加油站做全职工作。"因此，比尔克设立了奖学金，回报罗斯福高中。

比尔克对普通学生有什么建议呢？"或许都是些陈词滥调，那就是投入精力、努力工作。"他说，"诚实也很重要，如果有人看到你的诚实和努力，可能就会为你投资。我就曾亲身经历过。我读过这么一句话——重要的不是你有多聪明，而是把聪明用在什么地方。许多博士在为我工作，他们都是非常聪明的人，精通自己的专业，但他们在为我打工。在生活中，你要学会抓住眼前的各种机遇。"

勇气与财富

大多数白手起家实现了财务自由的人有一个共同点，就是有非凡的勇气。如果有相当的回报，你会勇于承担生活风险吗？如果有，那么你就具备了一种他们的智慧。但是，勇于承担风险并不意味着赌博。事实上，净资产越多的人越不可能赌博。

大多数生活风险的基本形式与职业选择相关。在净资产达到百万和千万美元的人群中，创业者和企业主占有较高比例。

为什么创业风险较高？因为没有雇主支持，只能依靠自己。如果不能满足市场需求，明天就可能出局，甚至变得一无所有。

拥有经营生活的智慧的人善于从另一个角度思考创业。他们认为，创业不一定意味着冒险，它意味着掌握自己的命运，获得的利益都是自己的，并且能赚多少没有上限。他们说：

• 我们只考虑成功，不考虑失败。敢于冒险，但也会考虑可能的结果。我们会做力所能及的每一件事，增加获利的可能性。

• 只有练习相信自己并努力工作，才能减少恐惧，增强勇气。

• 怎样强化自信心？抓住关键问题，为获得成功仔细筹谋，精心组织，解决大问题。

• 有些人通过参加竞技运动来锻炼意志，从而减少恐惧，打破思维局限。相当一部分人凭借"运动员精神"克服了自身不足。这个词既是指身体上的，也是指精神上的韧性与勇气。

• 在制订有关资金来源的关键决策时，我们当中有37%的人靠另一种方式减少恐惧和担忧——坚定的信仰。事实上，有着坚定信仰的人比其他人更加敢于承担生活风险。

发现你的事业

根据《韦氏词典》的定义，"ace"这个单词是佼佼者的意思，同时它也指至少获得过5次胜利的战斗机驾驶员，即王牌飞行员。第二次世界大战期间，美国共有1 285名战斗机驾驶员有资格获得这一称号，超过以往任何一次战争①。他们是如何取得这样的战绩的？大多数人是通过传统的方式——空中缠斗来达到作战目标，不过，至少有两名飞行员采用了与此不同的作战方式，这对于我们有重要的启发意义。就像这两位王牌飞行员一样，大多数拥有生活智慧的人通过集中精力和资源实现了收入最大化，最终取得了财务自由。

这两位采用独特策略的飞行员的成就远超过其他王牌飞行员。其中一位是埃里克·哈特曼少校，闻名于军事文学作品中，被称为"王牌中的王牌"，获得过352次空中胜利；另一位飞行员名叫萨金特·"保罗"·罗斯曼，他是哈特曼的老师，曾获得80多次空中胜利②。

罗斯曼发明了一种独特的战斗方式，并将其传授给了哈特曼，帮助哈特曼取得了非凡的成功。在职业生涯早期，罗斯曼的手臂受了伤，始终未能痊愈，而在典型的空中缠斗中，胜者必须具备超强的体力。罗斯曼知道，他不可能在这样的缠斗中生存下来，于是选择用一种更精确的攻击方式代替空中缠斗战术。他精心计划每一次攻击，在向对手开火前，总会花时间分析攻击目标后的各种可能。只有处于最有可能获胜的情况下，他才会出击。这时，他会集中所有力量攻击目标。哈特曼认同罗斯曼的战斗方式，在攻击前仔细观察并谨慎判断，从而取得成功。这就是哈特曼能够完成1 425次战斗任务的原因，而且他从未负过伤。

---

① 参见《最后的王牌飞行员》，《华尔街日报》，1999年1月29日（"The Last Ace", *The Wall Street Journal*, January 29, 1999）。
② 参见雷蒙德·托利弗和特雷弗·康斯特布尔的《德意志金发骑士》（Raymond F. Toliver and Trevor J. Constable, *The Blond Knight of Germany*）。

飞行员的故事与取得财务自由有什么关系？大多数财务自由者知道自己的局限性，甚至在从学校毕业前，他们就充分认识到了这一点。就像罗斯曼一样，他们明白自己也有一只"受伤的手臂"，所以，为了实现高经济产出，就要研究出独特的策略。

比如，大多数财务自由者在分析性智力上并无天赋。他们的在校成绩不是全优，SAT成绩也没有达到1 400分。所以，他们不参与以强大的分析性智力为成功必要条件的缠斗竞争。

在法学院、医学院或者研究生院的标准化考试中，这些人通常也得不到足够高的分数。许多后来实现财务自由的人，曾经因为GPA不够高而没有被大公司聘用，但他们仍然渴望取得财务自由，于是许多人选择了创业。没有雇主雇用的时候，他们自己雇用自己。

实际上，许多自认为没有高智商天赋的财务自由者在其他领域很有才华，比如丰富的感知力、创造力和发现经济机遇（大多数所谓的天才发现不了）的能力等。

对美国的富裕阶层进行了多年研究之后，我得出了这样的结论：如果你能做出正确的重大决定，就可能获得高经济产出；如果你有足够的信心选择理想的职业，就能取得非凡的成功。真正有才华且财务自由的人都选择了自己热爱、竞争者少、收益高的职业。

选择职业好比建房子，如果你把房子建在不太理想的位置，甚至是建在沙地或者沼泽上，那么其他的要素就无法发挥作用。花费数百万美元在房屋本身的建造上并不是关键，关键是房屋地基是否稳固。如果不断与流沙、水和沼泽作战，你将被卷进一场不可能获胜的斗争，但如果你将地基打在基岩上，房子就能轻松屹立于风雨中，你也将远离那些外在因素的干扰。

选择了理想的职业领域，你将爱上你生产的产品，也会对你的客户和供应商深怀感情。另外，你会比其他任何人更了解你的细分市场。客户不会在意你在学校是个 C 等生，对他们而言，你就是一个有远见的人。

所以，你或许应该为那些智力超群的优等生感到遗憾。那些被大众认为是天才的人往往觉得自己战无不胜，他们认为高智商会转化成高收入和高财富净值，但这些人最终会被残酷的现实唤醒。太多人选择了竞争激烈的职业，所有的竞争者都是拥有超强分析性智力的人。他们可能获得了 MBA 学位，因为从知名商学院以全优成绩毕业而被大公司雇用，直接从学校步入激烈的竞争。不知不觉地，他们进入了一个怪圈，他们中间几乎没有人出类拔萃。

当然，他们都是聪明人，但忘记了一件事——职业选择。要想获胜，选对战场比考虑战争开始后做什么重要得多。我教过的一些最优秀、最聪明的 MBA 学生也曾在许多次缠斗中以失败告终。

为什么不选择一种更容易取得成功的职业？赢得多了，你会更容易爱上为生计所做的工作。大多数财务自由者在少年时期就学会了以与众不同的方式思考。他们明白，与众不同是有价值的。

- 为了选择正确的职业，要做很多准备，此外，经济学和心理学的很多规律都对我们有利。否则，我们就会被淹没在时代大潮中。
- 只有少数人认为目前的工作可以让他们充分发挥自身的才能。我们与此不同，在考虑了自己的能力、资质和实现财务自由的强烈愿望后，我们会明智地选择理想职业。
- 理想的工作并不是在招聘会上找到或猎头公司介绍的，我们当中只有 3% 的人用这种方式找工作。

- 既有创造力又有敏锐直觉的人才能够把握住机遇。

选择配偶

有这样一种流行的观念：如果你想成功，就与富人或富人子女结婚，然后你的配偶将继承大量财富，并且会和你分享。

研究数据证明这些假设并不实际。虽然选择配偶会对财富产生很大影响，但大多数财务自由的人并不会以财富为标准选择配偶，事实上，他们甚至不认为财富因素有利于婚姻美满。

一对夫妻的婚龄与财富积累确实有着实质性关联。我的研究数据显示，92%的财务自由者处于已婚状态，只有2%的人没有婚史，还有2%的人处于离异或者分居状态，剩下的人鳏寡独居。数据清晰地显示，相对于单身，经济状况与婚姻有关系。

这是否意味着在典型的财务自由家庭中夫妻双方都在工作？完全不是。一对夫妇的净资产越多，非主要收入成员在外工作的可能性就越低。与之相对的是，在收入较高但净资产不到百万美元的已婚家庭中，近70%的非主要收入成员在外工作，所从事的职业包括教师、营销专家、公司中层管理人员和律师等。而在千万美元净资产家庭中，只有大约1/3的非主要收入成员在外工作。他们告诉我们：

- 我们当中的大多数夫妻结婚已满28年。大多数人相信，选择支持自己的配偶对于取得财务自由非常重要。
- 配偶的哪些品质吸引着我们？哪些品质是决定婚姻美满的重

要因素？配偶对于我们的吸引远不止外表上的吸引力。有些品质对积累财富很有帮助，也是经营生活的智慧的一部分。

波莉特·雷克斯特劳

21岁的单亲妈妈波莉特·雷克斯特劳在她的公寓里创办了一家直邮公司——AMS。在遇到现在的丈夫冯之前，她从没有想过结婚。冯对她的关怀和对待她女儿的态度是吸引波莉特的重要原因。这位AMS公司的创始人这样评价她的丈夫：他对家庭极为重视，所有空闲时间都和孩子们在一起。"我们刚好合得来，"她说，"他是一个悠闲慵懒的人，凡事顺其自然，是个好伴侣。"

在一起创业的岁月里，两个人相处融洽。她说："我们一天24小时都在一起——一起生活、一起工作，但从不吵架。"

波莉特和冯个性互补。波莉特是一个冒险家，倾向于立即行动，而冯主张仔细考虑、从容进行。"有时他不得不拦住我，而我不得不推着他，"波莉特说，"这是一种良好的伙伴关系，我们相互磨合，把彼此拉回到现实中。"

当波莉特致力于扩展公司业务时，冯负责处理各种财务问题，行事既谨慎又节俭。"我全部的动力都源自我对这项事业的热爱，我想为人们提供优质服务。"她说，"当我因公司的成长感到满足时，他总在想'天啊！做这件事情要花很多钱'。"

公司创立初期，生活和办公都在一间月租325美元的公寓里。当她想登一则每月800美元的广告时，冯说她疯了。

"无论如何我还是登了广告，"她说，"我告诉他这个消息时广告已经登了几个月,但他很高兴,因为广告确实带来了生意。"

今天,公司有许多《财富》500强的企业客户,公司也不再是"公寓企业",而是一家拥有近5 000平方米综合办公室的大公司。丈夫的哪些品质吸引着波莉特呢?她的评价是:真诚、务实、礼貌、深情、稳重、开明、有担当、睿智、积极向上、使人愉快和富有同情心。多年的婚姻生活证明,她最初的评价是正确的。

高经济产出家庭

如果花一段时间和具有经营生活的智慧的人相处,看看他们的收入和净资产,再看看他们为了降低家庭的运营成本而采取的消费策略,你可能会得出这样的结论:他们的消费习惯与身份有些矛盾。正如他们所言:

- 70%的人经常修鞋、换鞋底。
- 48%的人用维修家具代替购买新家具。
- 71%的人去商场购物前会列出购物清单。
- 购买家庭用品时,将近一半的人会到仓储式卖场批量购买。

这些事在具有经营生活智慧的人看来很正常。他们对与消费相关的时间和金钱成本很敏感。

- 我们发现,换鞋底比买新鞋更省钱,维修旧家具也是一样的道理。
- 我们坚信时间就是金钱,换鞋底或维修旧家具花的时间比逛商场买新的少多了。

- 大多数人去超市购物前都会列一份采购清单，这不仅仅是为了省钱和避免冲动消费，我们发现，如果提前列出采购清单，购物时间会大大缩短。我们更乐意花时间工作或者和家人朋友在一起，而不是在超市漫无目的地闲逛和冲动消费。

如果你想拥有高效有序的家庭生活，就像高经济产出的财务自由者那样思考，接受他们的思维方式吧。

住房和投资

财务自由的人告诉我，他们曾在选择房子的问题上备受质疑。为什么要花费50多万美元购买房龄已长达30年、40年甚至50年的老房子？为什么花这么多钱买一套只有4间卧室的房子？许多财务自由家庭有3个孩子，那么在家过夜的客人住在哪里呢？

你也许会怀疑他们关于房地产投资的认识有所偏差，但事实并非如此。总体而言，他们的房子都有明显升值。这些房子质量非常好——许多房子是用厚砖和岩石建的，有些还是石板屋顶，而且大多数都铺有耐用的硬木地板。

这些房子都不是新房子。为什么他们选择老房子，而不选新房子呢？因为这与房子所在的社区有关。在这些社区中，90%的居民有大学学历，多数人是成功人士。这些高收入的企业主、公司经理、律师和医生在选择住房上都很保守。如今的新房子一般更大，有5间、6间甚至8间卧室，还有6米宽的穹顶、4个按摩浴缸，甚至还有桑拿浴室。

财务自由者为何会选择老房子而拒绝这些新房子呢？他们的想法与普通人不同，他们认为，新的不一定代表"更好""有改善""比过去的更高级"。而我们大多数人却形成了一种思维定式，那就是对新事物更敏感，相信新的永远比旧的好。

在一个挤满房子的新开发区，花上百万美元购买的房子明显有贬值风险。谁说这些房子真值那个价钱？价格趋势的历史数据在哪里？这些都不存在。什么人喜欢在这样的新社区购买价格昂贵的房子？或许更可能是收入型富人，也就是所谓的"高收入、低净资产者"，他们迷恋"新"和许多小配置，而这些小配置只是与"新"有关的营销策略。

这并不是说所有买新房子的人都是收入型富人，但数据告诉我们，资产型富人喜欢在声誉卓著的社区购买房产，只有少数人自己建房子。财务自由者说：

- 为了做一笔成功的房产交易，对于任何房产我们从来都不会按照最初的要价购买，任何交易都可以随时放弃。
- 大多数人有住房按揭贷款，但也有40%的人没有任何贷款。只有不到5%的人按揭贷款余额在100万美元以上，34%的人按揭贷款余额在30万美元左右。
- 我们的按揭贷款余额中位数大概不到10万美元，或者说大概是房子市值的7%。我们不喜欢信贷消费。
- 我们的思维方式是：购买可能升值的房子。升值在一定程度上是因为社区拥有高质量的公立学校。与私立学校的花费相比，送3个孩子到公立学校（从幼儿园到高中）上学可以省下数十万美元。
- 大多数人都可以从我们买房子的经验中获益。

财务自由者的真实生活

财务自由的人平时都参加什么活动？请记住，这些人是美国收入和净资产水平最高的那一部分。他们住在高端社区，邻居和朋友都是成功的企业主、公司高管、顶级律师和医生，大多数人都是有大学学历。按照社会阶层划分，他们大多属于中上阶层。不过，他们的生活方式和参加的活动与大多数人的想象相距甚远。

- 我们常做的事与那些时尚名流不同，那些人会觉得我们的活动和兴趣无聊透顶。我们的经济状况都很好，但去年只有 3% 的人乘坐远洋游轮环游世界，4% 的人到阿尔卑斯山滑雪，20% 的人到巴黎度假。当然，有些人出国度假是出于商业目的。

- 过去一年中，不工作的时候我们都在做什么？85% 的人选择与税务专家一起研究税务申报方案，81% 的人选择参观各类博物馆，68% 的人参加了社区活动。

- 我们几乎不做需要"自己动手"的事。去年大约只有 19% 的人自己修剪过草坪，我们也很少亲自粉刷房子或修理管道。我们会专注于自己的本职工作，业余时间做喜欢的事情，享受生活。

- 这就是我们经常参与的活动。一些人可能认为，我们过的是"便宜日子"，因为大多数活动都不怎么花钱。不管你是否富有，生命中最美好的事物总是免费的或者至少价格合理。招待朋友、研究投资、观看孩子参加运动比赛都不是昂贵的活动，但大多数人都喜欢。

- 我们的生活方式加强了与朋友和家人的沟通，许多活动不是单纯为了实现财务自由，但它们对实现财务自由大有裨益。

第2章 获得财务自由的要素

你是否感到困惑？美国是公认的遍地是机会的国家，但在此努力多年之后，许多人却一无所有。在美国，每一个人都有获得财务自由的独特法则。你咨询了许多人，当问到是否可以看看他们的资产负债表，以便了解他们的净资产状况时，大多数人会告诉你，他们明天就会发财，所以现在的经济状况无关紧要。然而，这对你很重要——你在寻求真相：如何获得财务自由的生活？

你每星期都会去便捷超市购物、加油，却经常被困在排队购买彩票的人群中。你不禁想：买彩票是取得财务成功的有效途径吗？不少人会告诉你——积累财富离不开运气，买彩票是最直接的方式。然而，这些人并没有实现财务自由，许多人甚至穿着有破洞的鞋。

接下来你去了银行，再次探寻财务自由之路。银行柜员告诉你，积累财富离不开储蓄。排队时，身后的人向你做自我介绍，他叫约翰尼·布朗，是一位保险代理人，在你耳边喋喋不休地讲着人生和养老金的事。他说他有实现财务自由的秘诀,"到我的办公室去聊聊吧"。你谢绝了他的邀请,随后去了当地高中,今天有孩子的家长会。在学校,5位老师都告诉你:一个人的财务状况受其在校成绩的直接影响。但许多曾是优等生的人如今都不算成功,他们是例外吗?优等生怎么可能失败呢?你现在更困惑了。

于是你回家休息。电视开着,孩子正换着频道。在某个频道,有一个男人说,收听他的讲座课程就可以财务自由,现在正在做特价,才399美元。

下一个频道,有个女人正在推销她的"专业婚介服务",声称结婚可以让人实现财务自由。真遗憾,你已经结婚了。

这时电话响了,对方是一个股票经纪人,他想给你寄名片和其他资料。你问他如何实现财务自由,他告诉你,他就是美国的财富之路,有一家公司刚刚发现了治愈艾滋病的方法,而他是唯一能卖给你这家公司股票的人。你让他寄一张他个人的财务报表,他却找借口挂掉了电话。

这样的事无休无止。

- 清晨,电台里有个男人告诉你可以通过购买大豆期货发大财。
- 珠宝店的女老板告诉你,成功的关键是拥有投资级的珠宝。
- 古董商对你说:"你想象不到有多少人通过古董生意赚钱。"
- 你儿子的摇滚乐队成员告诉你:"发财离不开摇滚。"
- 高中篮球队的孩子告诉你,如果能成为一名运动员,将来肯定会变成富有的人。
- 去年秋天的某个周六,排队参加SAT考试的孩子说:"SAT分数很重要,考个高分可以申请好大学,以后就可以赚大钱。"

- 灯具店的"阿拉丁先生"向你承诺,购买他店里某品牌的灯,一个精灵就会出现,让你超乎想象地富有。

这些取得财务自由的秘诀都让人非常困惑。财务自由者是怎样成功的?其实寻找答案的最好方式就是去请教他们本人。

成功的要素

共有733位财务自由者完成了我们的调查问卷,我邀请他们对30个成功要素进行排序。在我组织的一系列个人和小组访谈中,参与者们提出了上百个成功要素,并从中精选出这30个(详见表2-1)。这些要素并非详尽无遗,但它们确实是大家经常提到的。

表2-1 成功的要素

(样本数:733)

成功要素	认为该要素非常重要(重要)的人数百分比(%)[1]	排名[2]
自律	57(38)	1[3]
诚信	57(33)	1[3]
懂得与人相处	56(38)	3
选择支持自己的配偶	49(32)	4
比大多数人更努力	47(41)	5
热爱自己的事业	46(40)	6
具备较强的领导能力	41(43)	7
具有竞争意识	38(43)	8

(续表)

成功要素	认为该要素非常重要（重要）的人数百分比（%）	排名
组织能力强	36（49）	9
具备推销自己的创意和产品的能力	35（47）	10*3
做明智的投资	35（41）	10*3
发现独特的机遇	32（40）	12
勇于承担财务风险	29（45）	13*3
创业	29（36）	13*3
有一位好导师	27（46）	15*3
强烈渴望被尊重	27（42）	15*3
投资自己的企业	26（28）	17
精力旺盛	23（48）	18*3
抓住有利可图的商机	23（46）	18*3
身体健康	21（44）	20
高智商	20（47）	21
有专业素养	17（36）	22
上个好大学	15（33）	23
无视贬低者的批评	14（37）	24*3
生活上量入为出	14（29）	24*3
有坚定的信仰	13（20）	26
好运	12（35）	27*3
投资上市公司的股票	12（30）	27*3
聘请优秀的投资顾问	11（28）	29*3
以优异的成绩毕业	11（22）	29*3

*1 本表和后续同类表中，数据如 57（38）即代表 57% 的人认为该选项"非常重要"，38% 的人认为"重要"。
*2 根据认为该要素对取得成功非常重要的人所占百分比计算得出排名。
*3 排名与其他要素并列。

成功是许多要素共同作用的结果，这些要素比大豆、人寿保险或彩票重要得多。就像表中列出的那样，有些要素比 GPA、SAT 分数或者以优异的成绩毕业更重要。

我把这些要素分成以下 7 组：

社交能力
- 懂得与人相处
- 具备较强的领导能力
- 具备推销自己的创意和产品的能力
- 有一位好导师

抗压能力
- 具有竞争意识
- 强烈渴望被尊重
- 精力旺盛
- 身体健康
- 无视贬低者的批评

价值观
- 诚信
- 选择支持自己的配偶
- 有坚定的信仰

创造力
- 热爱自己的事业
- 发现独特的机遇
- 抓住有利可图的商机
- 有专业素养

理财能力
- 做明智的投资
- 创业
- 勇于承担财务风险
- 投资自己的企业
- 生活上量入为出
- 投资上市公司的股票
- 聘请优秀的投资顾问

努力
- 自律
- 比大多数人更努力
- 组织能力强
- 好运

智力
- 高智商

- 上个好大学
- 以优异的成绩毕业

智力这一组很有意思，尽管许多人预测这一组中各项要素的排名会位于其他组之上，但数据证实情况完全相反。

社交能力

那是一个冬日的星期一，在薄雾笼罩的黎明时分，我来到了亚拉巴马州的伯明翰。我主讲的课程从早晨8点半开始，有200多名经理人报名参加。我早到了一个多小时，在课程开始前吃了一份欧式早餐，并且同其中的一部分人聊了聊天。

一位高级销售经理——我叫他休——告诉我，他大学期间曾经在亚拉巴马州打橄榄球，效力于保罗·"贝尔"·布赖恩特教练。在对话中，我发现了许多可以解释这位经理在商业上获得成功的要素。他说在座的一些经理人也曾为布赖恩特教练的球队效力。

布赖恩特教练成就非凡，尤其引人注目的是他的球队赢得了许多项赛事的冠军。我很早就意识到高效正是布赖恩特教练的标志。无须最多的投入或者从美国所有州中招募天才，他就创造了最高纪录。

我想问休，布赖恩特教练为何如此成功，但又担心回答这个问题可能会花费几个小时。所以我问了另一个问题："布赖恩特教练对刚进入大学校园的运动员问的第一个问题是什么？"

答案出人意料，布赖恩特教练问的是：

你们打电话感谢家人了吗？

据休讲，听到这个问题后队员们都吃了一惊——大部分人甚至张大了嘴。他们面面相觑，难以置信。显然，没有一个人预料到会面对这个问题。

这些运动员刚进大学校园不到 24 小时，但他们已经开始上关于团队协作的第一课了。那天，房间里没有一个人承认打过电话感谢家人。这第一课的含义是什么呢？

布赖恩特教练继续说：

没有他人的帮助，谁也无法实现今天的成功。赶快打电话给你的家人，感谢他们吧。

这些有着非凡运动天赋的年轻人还没有真正理解他们为何能在橄榄球运动上取得成功。如果没有家人的养育、保护和牺牲，他们恐怕根本没有机会在亚拉巴马州打球。

休告诉我，他永远不会忘记这段经历，它帮助他和队友们开启了非常成功的 4 年橄榄球生涯。他还告诉了我其他许多从教练那里学到的、帮助他在商业上取得成功的东西。

很少有人不靠别人帮助就能取得成功。不管个体多么有天赋，都无法与一个团队抗衡。没有锋线队友开创机会，有多少跑卫能成为明星球员？我遇到过的财务自由者没有谁把成功完全归功于自己，大多数人会感激他们的配偶、主要员工、顾问等。没有人是一个孤岛，无论是在运动、经营企业还是积累财富方面，没有他人的帮助，就无法到达事业的巅峰。

相对而言，在稳定的环境下更容易有好的表现。在经济形势良好时，你的企业会快速发展，净资产迅猛增长。但是，如果对手很强大或者市场环境对你的企业不利该怎么办？如果你不去寻找并培育重要的人力资源，就没有丝毫成功的机会。没有这些支持，你可能会被击垮，终日面对恐惧和担忧。恐惧是慌乱的开始，而慌乱是做出错误决定并最终导致失败的先兆。就像我的研究已经证实的那样，大多数成功人士的一生都在坚持用自己的方式去吸引、激励、欣赏和培养主要顾问、供应商和员工。

智力与社交能力

许多高收入人士和财务自由者认为，在实现高经济产出方面，天生的高智商并不是很重要。

94%的人在解释他们实现财务自由的原因时表示"懂得与人相处"很重要（表2-2）。按照受访者选择"非常重要"的百分比来看，与其他29个成功要素相比，"懂得与人相处"的重要性排在第三位。

无论是在运动领域还是商业领域，社交能力都很重要。就算一个人的GPA是全优并且SAT考试接近满分、智商奇高又怎样？如果不懂得如何与人相处，最终还是无济于事。我们在研究过程中询问财务自由者智商对取得成功的重要性，如表2-2所示，只有20%的人认为"高智商"非常重要，它在各项成功要素中排在第21位，另外两个相关要素与它排名相当。分别只有11%和15%的人表示"以优异的成绩毕业"和"上个好大学"对于取得成功非常重要。

某些职业群体认为智商是一个非常重要的要素，他们是律师和医生。原因很简单，按照一般规则，一个人必须在标准化考试中取得高分，才会被法学院或医学院录取，而考试分数与智商高度相关。如果将律师和医生从样本中去掉（这两个群体合计约占样本总数的20%），"智商"的重要性就会显著降低。

表2-2 成功的要素：智力对比社交能力

（样本数：733）

		企业主和创业者（%）	公司高管（%）	律师（%）	医生（%）	其他职业（%）	全部（%）	排名[1]
智力	高智商	16（45）	18（49）	34（49）	24（50）	20（47）	20（47）	21
	上个好大学	12（31）	12（31）	18（50）	23（31）	16（30）	15（33）	23
	以优异的成绩毕业	5（16）	8（22）	26（34）	20（29）	8（24）	11（22）	29[2]
社交能力	懂得与人相处	61（35）	59（37）	43（47）	47（47）	56（38）	56（38）	3
	具备较强的领导能力	45（43）	43（39）	29（51）	37（43）	35（43）	41（43）	7
	具备推销自己的创意和产品的能力	45（47）	41（50）	16（46）	17（46）	35（45）	35（47）	10[2]
	有一位好导师	28（43）	29（51）	18（56）	30（52）	26（43）	27（46）	15[2]

[1] 根据认为该要素对取得成功非常重要的人所占百分比计算得出排名。
[2] 排名与其他要素并列。

将律师和医生的数据从样本中去掉，还会产生另外一个有趣的结果——"懂得与人相处"和其他社交能力的重要性会变得更显著。请注意，有61%的企业主或创业者、59%的公司高管认为"懂得与人相处"非常重要，而43%的律师和47%的医生对这一要素的认可度较高。

经理或企业主通常是团队的一部分，而律师和医生通常不是，当你意识到这一点，数据上的差异就不难理解了。但在所有的职业类别中，与智力相比，更多的人把社交能力排在了前面。

请注意，在表2-2中，社交能力有4个显著相关的组成要素。换句话说，认为"懂得与人相处"很重要的受访者也倾向于认为"具备较强的领导能力""具备推销自己的创意和产品的能力"和"有一位好导师"很重要。

推销能力

今天，懂得与人相处是未来成为强大领导者的基础技能，而领导者——并非追随者——更容易取得成功。不过，要成为领导者，还必须具备推销创意、计划、梦想、产品或者服务的能力。

布赖恩特教练通过传授社交技巧，培养了众多成功的经理人。丝毫不用奇怪，在营销领域更是如此。营销专家如果不能通过推销手段完成销售任务，就不能创造收入、胜过对手。销售就像橄榄球——比竞争对手得到更多的分，才能取胜。

我遇到过的最伟大的推销员是威廉·"比利"·费瑟斯通·吉尔摩。比利的父亲是美国空军第8航空队一位战功赫赫的战斗机飞行员，第二次世界大战时在欧洲执行过50次飞行任务。比利遗传了父亲的勇气，并最终转化为销售业绩。

我花了很多精力研究顶级营销专家的特征，发现他们对"勇气"和"杰出的社交能力"非常在意。比利在这两个方面都很有优势。多年前他是我在佐治亚州立大学教过的学生，有一次期中考试，他花了很长时间答卷，但试卷上只有一段文字。起初我在试卷上打了一个F，然后我想：在糟糕的试卷中，他还算过得去。于是我调高了分数，写了一句话："亲爱的比利，这是我见过的最糟糕的试卷，请放弃这门课。"我告诉他，有99%的同学比他的成绩好。

在教学生涯中，我教过上万名学生，但只有一个人有胆量、魄力和勇气闯到我家，要求修改分数，那就是比利。他坐下，喝了葡萄酒，告诉我："你忘记了自己在课堂上讲过的，如果你有勇气就能赢，你不必是最快、最聪明的，但必须有韧性。"

那时，我就经常看到比利做销售。很难相信一个GPA得分2.01的人在处理人际关系上如此机敏。事实上，他的GPA仅为2.01是有原因的。比利的父亲告诉他，大学毕业证仅仅是找工作时的敲门砖，真正重要的是推销能力。比利当时上的是全日制大学，但他同时干着一份全职房地产销售工作。通过参加每一次正式、半正式和非正式的聚会和所有的橄榄球比赛，他不断地提升自己的社交能力。是的，比利提高得很快，但要想提高学习成绩，就要压缩工作时间，或者分散他的社交精力，所以他宁愿不拿高分。

我和比利成为朋友已经20多年了，我们偶尔还会合作。最近，一家大型上市公司的高级副总裁兼全国销售经理赫尔曼先生邀请我星期六上午到达拉斯，为他们公司的上百名高级专业销售人才做一次培训。由于培训计划中有角色扮演和情景分析环节，所以我打电话给比利——他正向一些总部设在达拉斯的公司推销女士运动衣和蓝色牛仔裤。我建议他周六留下，帮我在培训会上做一些角色扮演，他毫不犹豫地同意了：

> 就这样定了。告诉我联系人（全国销售经理）的名字，我要联系他，了解所有的细节。我们周六上午见。

比利做的远不止给联系人打电话了解细节这么简单。他联系了赫尔曼先生的秘书，得到了有关培训地点和时间的详细安排表，然后他问了这位秘书一系列有趣的问题。

> 比利：赫尔曼先生的妻子穿蓝色牛仔裤吗？
> 秘书：是的。
> 比利：你知道赫尔曼夫人穿多大尺码的牛仔裤吗？
> 秘书：跟我一样——10码紧一点，12码刚好合适。

周六上午，我提前30分钟到达培训会现场。赫尔曼先生看见了我，迅速穿过大厅来到我面前说："天啊，托马斯，我妻子很喜欢那些蓝色牛仔裤，她很感谢你。有了它们，即使我周六不能陪她，她也感觉安慰多了，而且那些牛仔裤很适合她。"

当赫尔曼先生对我表示感谢时，我完全不知道他在说什么。就在这时，我看见了比利。他笑容满面地看着我，我马上明白了，比利通过特别的牛仔裤礼物打动了人心，他又一次展示了如何"与人相处"。这给赫尔曼先生带来了好心情。有了这样一个好的开始,我确信培训会将非常成功。当他了解了赫尔曼夫人的尺码后,便让高级缝纫师特制了一打牛仔裤。但是,这只是他计划的一部分,他还在每一条牛仔裤的标签上都印上了"8码"。

有个问题直到今天我都不确定。当赫尔曼先生打电话邀请我为他们再做一次培训时,我问自己,到底是我的培训还是比利的蓝色牛仔裤带来了这次邀请?比利没有告诉赫尔曼先生是他送的牛仔裤,他在包装盒里放的卡片上写着"托马斯·斯坦利敬送"。最终,我得到了信任和好感,赫尔曼先生的公司邀请我做了多次培训,并从我这里购买了许多书和其他产品。

比利与消费者的需求产生共鸣的根源是什么?我问他这个问题,他告诉我,他的母亲总对他说,只关注自我是枯燥无趣的。

换句话说,就是要提醒自己不忘关注他人的需求和兴趣。比利的父亲也对他产生了重要影响。当比利还是一个孩子的时候,父亲就经常带着他打电话给公立学校推销校车。每一次打电话前,父亲都会告诉他,了解对购买校车有决定权的人的兴趣和背景很重要,并给他解释原因。他的父亲是一位顶级营销专家和了不起的导师,他也相信并践行着这条基本销售原则:

只关注自我是枯燥无趣的。

领导能力

父母:我们非常担心儿子。以他的成绩,考不上好大学。

校长：不用担心理查德，他会做好的。大家都喜欢他、尊重他，并且愿意追随他。理查德是一个天生的领导者。

校长对理查德的评价很准确。最近，理查德填写了我的调查问卷，并在问卷上写道："高中和大学时我是一个穷学生。"但他也表示，自己很快就积累了千万美元净资产。他是一个领导者、一个非常成功的创业者，对自己的职业充满热情。他成功地与员工（他们的报酬远超一般标准）的需求产生了共鸣，并获得了他们的尊重与拥护。员工们甚至共同出资送了理查德夫妇一份礼物——一次欧洲旅行。

然而，理查德的人生也可能是另一种情形。如果他没有关心他的父母，也没有遇到富有洞察力的校长，结果会怎样？如果他们告诉理查德，按照这样的分数，能得到一份刷盘子或扫地的工作就很幸运了，结果又会怎样？

理查德的父母和校长从没有对他说过这样的话，他们从来没有放弃他。在学校，理查德是运动场和社交活动中的领导者，他从来没有因为学习成绩不好而感到低人一等。

与许多成功人士一样，理查德从学校获得的远不止一张成绩单。

领袖中的领袖

假设你刚从大学毕业，计划继续攻读硕士学位，就要参加GRE（美国研究生入学考试）。GRE成绩分为几个部分，两个主要部分是语言表达能力和数学，其他部分包括物理、化学、生物、社会学和艺术。

你的成绩怎么样？你发现自己的语言表达能力得分排在前50%～75%之间，也就是说在平均线以下。你很失望，继续看其他部分的得分。你的数学得分排在后10%，物理、化学、生物、社会学和艺术得分排在后25%。

你还想读研吗？如果你把这个分数给指导老师或职业顾问看，他们或许会说你不是读研究生的料。一些人甚至会直截了当地告诉你不要好高骛远，说好听一点就是，你永远不会有什么大成就。

有人会这样说吗？

> 年轻人，你有非凡的领导才能和远见卓识，你将深刻改变美国的社会和政治，超过富兰克林·罗斯福之后的历届总统。

大多数人都是按照标准化考试分数来判断一个人的未来——用一次考试的分数预测未来三四十年的职业生涯。如果你也迷信考试分数，那么余生也许真的会像能力缺失的人一样思考和行动。

你能想象马丁·路德·金平庸一生吗？上面所说的 GRE 成绩正是马丁·路德·金曾经的真实成绩[1]，但他绝对不允许否定的声音阻碍自己的道路，他知道分数的真正意义。

考试成绩与其他形式的实践学习之间必须大体保持平衡。当然，我们都希望孩子成绩优秀，但同时也要鼓励他们在其他方面多

---

[1] 参见伊桑·布朗纳的《探寻考试中种族差距的答案》，《纽约时报》，1997年11月8日（Ethan Bronner, "Colleges Look for Answers to Racial Gaps in Testing", *The New York Times*, November 8, 1997）。

多尝试，比如在学校担任领导角色、参加课外团队活动等。这样，未来才有可能产生更多的领导者，进而形成一个不断发展、兼具社交和分析性智力的领导者群体。

抗压能力

最终实现财务自由的人是怎么对待贬低者的？主要有两种方法——无视他们的批评或者把批评转化为激励。他们认为，贬低者就是总对他人做出消极评价和预言的人。他们和导师不一样，导师关注的是如何帮助人们自我提升，贬低者对帮助别人提升没有兴趣。事实上，他们似乎很乐于看到别人失败，就像看到自己的预言成真一样满足。

贬低者常常这样说：
- 你永远不会成功。
- 你缺乏成为律师的才智。
- 这是我听过的最愚蠢的创业点子。
- 在医疗领域没有女人的位置。
- 你不是读书的料。
- 你的 SAT 成绩是 900 分，在大学里成功不了。

接受了消极评价的人早早退出了战场，而另外一些人则选择无视这些贬低。许多财务自由者认为这样的评价只是臆测，而他们乐于推翻臆测。那些怀有恶意、消极的贬低者有一个共同特征——他们唯一的才能就是做出消极的评价。他们嫉妒真正有才华、渴望成功的人。我发现大多数职业批评家都有一种特质——无法忍受来自别人的批评。那么，他们采取什么措施确保自己不受批评呢？他们通常会选择攻击，主动批评那些已经成功或者将要成功的人，试图充当裁判、评审员甚至上帝，这就是他们强化自身存在感的一种方式。

大多数白手起家实现财务自由的企业主可以给你讲很多有关贬低者的故事。他们都有贷款申请被多次驳回的经历，在他们心中，信贷主管就是贬低者。他们告诉申请人，"你的企业不会成功"，然而又提不出改善企业管理的建议。下面是一位来自俄克拉荷马州白手起家实现财务自由的人在一次研究小组访谈中对我说的：

> 那是一个星期五的上午，我必须在当天下午4点前给员工发工资。我来到一家合作多年的银行，这些年我在那里贷出过几百万美元。他们带我进入一个房间，一位新的信贷主管接待了我。这个30来岁的家伙告诉我，我的公司正在复审，需要做一些信息更新。这些年来我没有一次逾期还款，而他花了1小时给我讲他最近在韦尔、阿斯彭和斯廷博特的滑雪经历……他讲啊讲，我却如坐针毡，担心不能按时给几百位员工发工资。

是的，那天下午他好不容易按时给员工发了工资，从此不再做那家"滥用权力的银行"的客户。

那家"滥用权力的银行"也失去了同一个研究小组的另一位客户——一位成功的企业主，在职业生涯中他的贷款申请从未被拒绝过，但有一天银行很突然地打来电话，要求他偿还所有未到期贷款，原因是前一天一家当地报纸报道这位企业主要和妻子离婚。

贬低者试图摧毁那些具有雄心壮志的人的梦想，这种事情数不胜数。但贬低者也是社会体系中不可或缺的一部分——他们甄别出了缺乏勇气的人、接受批评的人和对批评不屑一顾最终成功的人。

成功的创业者通常具备非凡的动力和决心。艾德里安娜·桑德斯的文章《成功的秘诀》揭示了他们的动力之源。文中谈到，商业金融服务公司创始人兼董事长比尔·巴特曼表示，他的嫂子就是一个贬低者，她的消极评价激发了巴特曼先生强大的动力，他要证明她是错的。"她（嫂子）不喜欢我，总是认为我不够好。这彻底激怒了我。"

巴特曼先生高中时辍学了，嫂子的贬低刺激了他。经过努力，他通过了高中同等学历考试，进入大学继续深造。在大学里，他为了鼓励自己，制作了一张卡片挂在墙上，上面写着他嫂子的名字。每当目光离开课本看到那个名字时，他就会受到激励，继续学习。

在同一篇文章中，交互式多媒体公司董事长黛布拉·施特赖歇尔—法恩也说出了她的动力之源。小镇上的邻居们认为女人创业是一件有失身份的事。她强烈地想要反驳这些对她和她的职业毫无根据的评价，这不断激励着她前进。

这些案例告诉我们，应该小心贬低你的人，注意所谓"好心人"的动机。如果你有雄心壮志，工作努力，事业蒸蒸日上，就可能对一些人构成威胁。不幸的是，许多年轻人相信这些人并向他们请教。

但大多数财务自由者选择无视对他们的贬低，他们不允许消极评价或臆测动摇自己的决心。无视贬低者的诋毁与成功、职业成就显著相关（表2-3）。

表 2-3 成功的要素：高智商对比抗压能力
（样本数：733）

		企业主和创业者（%）	公司高管（%）	律师（%）	医生（%）	其他职业（%）	全部	排名 [1]
高智商		16（45）	18（49）	34（49）	24（50）	20（47）	20（47）	21
抗压能力	无视贬低者的批评	20（40）	9（39）	11（28）	11（47）	13（34）	14（37）	24 [2]
	具有竞争意识	37（49）	46（40）	40（33）	37（44）	34（42）	38（43）	8
	强烈渴望被尊重	23（44）	28（42）	21（47）	38（39）	31（38）	27（42）	15 [2]
	精力旺盛	24（50）	22（45）	16（43）	26（58）	24（45）	23（48）	18 [2]
	身体健康	24（44）	19（48）	16（36）	18（49）	23（44）	21（44）	20

[1] 根据认为该要素对于取得成功非常重要的人所占百分比计算得出排名。
[2] 排名与其他要素并列。

请记住一个事实，不管智商如何，成功人士总会比未获得成功的人招致更多贬低。事实上，我认为贬低不仅是一种侮辱，更是一种锻炼，是成功者的训练营。询问一下自由成功者们，他们会有讲不完的此类经历。

成功人士与众不同，而不从众的人经常受到从众者的贬低。一位研究成果丰硕的教授在我毕业前告诉我：

> 如果你不发表文章，可能就得不到好学校的教职，但是你会有很多朋友，而发表的文章多了，就不会受到同事们欢迎。

通常，成功的代价就是不做老好人。事实上，76%的财务自由者称，他们在性格形成时期学会了独立思考，这对成年后成为富有创造力的人有重要影响。拒绝平庸、成为与众不同的人更可能获得财务自由，但也会受到贬低者的批评和群体的排斥。

至于如何反驳批评，在一次采访中，一位财务自由者告诉我不要情绪化，另一位财务自由者给了我一些有效建议：

> 当你被批评的时候，告诉自己过两个星期再发怒。两个星期后，如果你还想发怒，那就再等两个星期。之后仍然想发怒怎么办？给贬低者写一封信，说出你愤怒的原因。经过这段时间和通过写信倾诉烦恼的过程，你或许会从强烈的愤怒中解脱出来。那个时候，你大概已经觉得没必要寄出这封信了。

健康：对抗贬低者的获胜要素

根据调查，身体健康在成功要素中排在第 20 位（表 2-1），尽管不算太靠前，但大多数财务自由者都定期锻炼身体。资产超千万美元的财务自由者定期锻炼的比例最高。定期锻炼的财务自由者约占总人数的 2/3，另外 1/3 会去打高尔夫或网球，但没有形成习惯。

财务上越成功，就越容易招致批评。保持良好的身体状况是应对贬低者的重要手段，因为这有助于磨炼竞争精神。许多财务自由的人甚至欢迎批评，因为这能带给他们强大的动力去证明贬低者对他们的评价是错误的。大多数财务自由者精力旺盛，而良好的身体素质正是充沛精力的主要来源。我发现，只有极少数白手起家实现财务自由的人精神状态不佳或明显超重。疲惫和精神不振会助长贬低者的气焰。所以，如果你想拥有无视贬低的能力，甚至能够把它转化为动力，就不要让自己长胖、变懒惰。身体健康与其他领域的成功显著相关，那些勇于承担财务风险的人可能比一味规避风险的人更健康。

身体健康与一个人对自己的满意程度也有重要的关联，甚至会影响工作。如果你热爱自己的工作，就更渴望努力奋斗，而努力工作的能力又与身体条件相关。

如果不懂得怎样享受工作和闲暇，积累财富就没有太大的意义。富有的鲍威尔先生过早地离世，无法获得更多财务自由带来的满足感。他的遗嘱执行人最近寄回了我的问卷，上面写着："斯坦利博士，尽管鲍威尔先生很富有，但他不久前去世了。"

价值观

我亲自检查了每一份问卷，因为一些最重要的信息隐藏在受访者手写的反馈和建议中，而不在问卷设计的填空题里。这些反馈写在了页边空白处、其他选项下方等常常被忽视的位置。

一位受访者在问卷上写满了附加说明。请他想象一下别人对他的评价时，他写了"公正、诚实"。问卷中有些问题涉及影响过他的人生经历，在这些问题后面，他都写下了简短的解释。此外，来自父母的帮助和 3 年美国海军陆战队的服役经历也是他取得财务自由的重要原因。

公正、诚实和海军陆战队的服役经历等因素与财务自由有什么关系？在财务自由群体中，许多人都认同诚信是成功的关键要素。大多数财务自由者坚信要"对所有人都诚实"。

有一位问卷受访者是商业地产管理人。当我读到他写下的一些相关评论时，我对自己说："我敢打赌，这位第0103号受访者在被问到某个成功要素时，选择了'非常重要'。"我的判断是正确的。那么，作为一个商业地产管理人，什么要素对他的成功如此重要？那就是诚信。

当一个人负责管理别人的财富时，诚信至关重要。这位问卷受访者不是一个特例，在所有受访者中，将诚信视为重要的成功要素的人所占比例排名第一（表2-4）。

表2-4 成功的要素：高智商对比价值观（样本数：733）

		企业主和创业者（%）	公司高管（%）	律师（%）	医生（%）	其他职业（%）	全部	排名[1]
高智商		16（45）	18（49）	34（49）	24（50）	20（47）	20（47）	21
价值观	诚信	62（30）	61（32）	46（41）	55（36）	55（33）	57（33）	1[2]
	选择支持自己的配偶	55（30）	48（38）	32（39）	54（33）	47（30）	49（32）	4
	有坚定的信仰	15（22）	12（27）	11（20）	17（21）	13（15）	13（20）	26

[1] 根据认为该要素对取得成功非常重要的人所占百分比计算得出排名。
[2] 排名与其他要素并列。

不幸的是，如今的美国媒体总是热衷报道那些身居高位但缺失诚信的人，政界要人公开粉饰自己的欺骗行为。大多数高收入人士相信缺乏诚信会影响一个人的综合能力。对一个国家来说，如果经济得 A，外交政策得 B，国内稳定得 B，强化社会使命得 B，但诚信只得 F，那么按照大学评分标准，GPA 分数就是 2.6，勉强及格。

在人生中，诚信是一门特殊的课程。大多数财务自由者认为，缺乏诚信的人不会也不应获得财务自由。如果一位刚开始创业、积极上进的年轻企业主或医生欺骗了客户或病人会怎样？如果一个企业主对他的产品进行虚假宣传会怎样？没有诚信，就永远无法成功。

罗伯特医生今年 45 岁，有丰富的医学实践经验，但不幸的是，这位内科医生没能与女助手保持适当距离，与数位团队成员存在越轨行为。最终，妻子发现了他的不忠，立刻决定离婚。

在离婚判决下达前，罗伯特医生的妻子加入了当地一个女性互助团体，该团体的主要成员都处于离婚过渡阶段。罗伯特夫人向团体成员详细讲述了丈夫的不忠行为。一些成员曾是罗伯特医生的病人，还有更多的病人通过小道消息得知了罗伯特医生的行为，因此不再去他那里治疗。现在，罗伯特医生不得不将诊所迁到另外一个地方。

15^2 个谎言

《韦氏词典》对"诚信"的定义是："坚持特定的道德价值规范。诚信的人明白是与非、真相与谎言之间的区别。"调查显示，大多数财务自由者非常重视诚信，相信诚信对成功有重要作用。

乔恩·巴里是一家成功的房地产管理公司的老板，一个了不起的、诚信的人。他白手起家创办了自己的企业,大多数客户是购物中心的业主,乔恩的公司就负责管理这些业主的物业。从收取租金到需要维修或翻新时雇用承包商,公司什么都做。

进行维修时,乔恩总是雇用价格最具竞争力并能提供最佳产品和服务的承包商。这听起来很容易,但过程并不简单。乔恩工作起来不厌其烦,确保客户支付的钱能得到最好的回报。在选择和指导承包商的每一个环节中,乔恩都尽职尽责。

诚信及与之相伴的信誉是乔恩获得成功的重要因素。乔恩告诉我,他的父亲——一位在娱乐企业界非常成功的经理人——在有关诚信的问题上教导了他很多。父亲经常说:

> 不要撒谎,一句谎言也不要讲。如果你撒了一个谎,为了掩盖这个谎言,最终不得不撒15个甚至更多的谎。

按照乔恩父亲的说法,一个谎言需要15个甚至更多的谎言来掩盖。相应地,这15个谎言中的每一个又需要15个谎言来掩盖,总计225个,以此类推。永远说真话、对所有人诚实,这是对时间、精力和智力的更高效率的使用方式。

基因与品质哪个更重要

今天,借助医学创造的奇迹,许多想要孩子但无法生育的夫妇得到了帮助,这就是卵子和精子捐献市场快速发展的原因。大多数夫妻都希望有个孩子,只要孩子是健康的,许多人都不太在意是男孩还是女孩、是蓝眼睛还是褐色眼睛。

但还是有一些夫妇不仅希望孩子健康，还强烈希望孩子具备高智商。多所大学校报上刊登过这样一则广告，5万美元征集高挑、聪明的卵子捐献者，标题是"卵子捐献者：回报十分丰厚"。

这一事件还登上了《纽约时报》，据报道，这则广告被刊载在多所久负盛誉的大学校报上。"回报十分丰厚"将报酬表达得很委婉，实际上，无法生育的夫妇愿为卵子捐献者支付高达5万美元的报酬，但要求捐献者必须具备某些特质。她必须聪明并且运动能力出众，SAT成绩至少要达到1 400分，作为运动能力的间接体现，身高至少要1.78米。

> 学历高并且擅长运动的人想要一个与他们如出一辙的孩子。他们个子高，所以希望孩子的个子也要高……

这则报道我反复读了几次，每一次我都抑制不住地想，这些人看起来更像是在计划孕育优良品种的猎犬。

我不得不假设，这些夫妇的初衷是善意的。他们明显属于高智商群体，所以想寻找同样高智商的捐献者，这何错之有？他们身材高大，运动能力出众，自然希望后代也有这些优点。然而，父母具备高智商并不意味着后代也有高智商，甚至可能会有一些不好的基因。美联社曾有一篇报道，标题是"美国优秀学生奖学金获得者"，副标题旁边有领奖者的照片，是一位高挑迷人的年轻女士。她的智商高吗？我想是的，否则怎么可能获得美国优秀学生奖学金。报道还说，她是一名在读大学生，需要资助，"以便集中精力完成艺术学业"。然而没过多久《亚特兰大宪法报》就刊载了一篇报道《持枪抢劫的大学生》：

埃玛，18岁，美国优秀学生奖学金获得者，被指控持枪抢劫一家理发店。

如果是你，你会怎么选择？你会选择一个聪明但犯下抢劫罪的捐献者的卵子，还是坚持选择诚信的捐献者的卵子？就我个人而言，如果孩子正直诚实，我可以降低对智商的要求。相信财务自由者们也会支持我的决定，高智商并不能代表一切。

人以群分

很多人常常通过一个人的邻居来判断这个人的品行，有些社区中拥有大学学历的人较多，而有些社区犯罪率较高。

拥有相同社会经济特征的人通常会聚在一起，这是我选取研究样本的基本依据。我在美国财务自由者集中度高的社区进行了抽样调查，这是研究这个群体最有效的方式。

这些受访者大都接受过良好的教育，从事高薪工作。就平均水平而言，他们比居住在其他社区的人更聪明或者说智商更高。当然，本书始终认为，"聪明"有多种定义。

如果你认为高智商或取得较高的 SAT 分数就是"聪明"，那么或许居住在富人区的人比那些居住在普通社区的人更聪明。如果由此得出结论，所有聪明人都居住在富人区，就有失偏颇了。不过，以下案例确实证明社区类型和居民特征有显著相关性。

我曾收到一封陌生人的来信,寄信人向我寻求帮助。请看看信的内容,你认为这个人会居住在哪里?

亲爱的斯坦利博士:
　　我拜读了您最近的大部分研究成果。本人数学天赋出众,拥有××大学的数学硕士学位。

根据以上内容,可以知道这个人阅读能力不错。虽然还不能确定,但可以推测他有可能居住在一个中产阶层和有大学学历的人较集中的社区。

然后,你会注意到这是一个数学天才,拥有知名大学的硕士学位。他可能与智商、SAT分数、GPA、收入、净资产水平较高的人居住在一起。

那么,他是否居住在财务自由者集中的社区呢?他是家庭净资产超过100万美元的财务自由者吗?当你读了更多内容后,或许看法会有所改变。

　　我想寻求一条新的职业道路。
　　您精于研究富裕家庭,因此我想向您求助。我非常想做富人家孩子的数学老师,您可以把他们的名字和通信地址提供给我吗?请发到以下地址……

他可能不是一个财务自由者,全职数学老师通常不会太富裕。

他是一个非常聪明的人，但缺乏雄心，可能居住在中下阶层聚集的社区。但如果你这样猜测就又错了。故事的结尾是：

> 我现在在监狱……明年9月刑满释放。

不错，你猜对了一部分——这个人的确居住在相同特征的人高度集中的社区，但他不是财务自由者，也不是数学天才，而是一个罪犯。他所在社区的状况由此也可想而知。

这个罪犯十分傲慢。他认为我会因为他是一个数学天才而忽略他缺乏诚信、触犯法律的事实。想象一下，如果你是一个富人，孩子正需要数学老师，一天，你收到一封信，邮戳上标着"监狱大学"。信上写着"请雇我"，还有随信附上的求职简历。

> 我希望出狱后担任富人家孩子的家庭教师，在正常薪酬外最好包食宿。

这其中隐含着一条简单的信息，有些人喜欢这个高智商的罪犯。环绕在聪明人头上的光环常常让人盲目，我们常想当然地认为他们在生活中的其他主要方面都是优秀的。事实上，聪明并不代表这个人正直、诚信。

关于配偶

林肯说过，根基不稳的房子是站不住的。夫妻之间的关系也是如此。请注意，有一个成功要素与诚信同等重要：

　　选择支持自己的配偶。

　　49%的受访者表示，这个要素对他们取得成功非常重要。大多数受访者相信，诚信从家庭开始。
　　如果你喜欢撒谎，就不要指望获得配偶的支持。你的配偶和孩子有太多机会观察你的行为，所以你必须在配偶、孩子和其他人面前做好诚信的榜样。如果你做得好，那么无论是贫穷还是富有，你的配偶都将陪伴你度过所有美好和糟糕的时刻。

创造力

　　如果缺少分析性智力会怎么样？学校老师通常会提醒你，你只是一个普通人或者略偏中上。SAT分数表明，你不太可能被竞争激烈的大学录取。与学校里聪明的孩子在同一职业领域竞争并不明智，所以你没想过要当律师或医生。你没有高智商，但拥有其他天赋。于是你开始寻找能提供更多收益、竞争者更少的领域，并且发现了理想的商机。最终，直觉告诉你，你有层出不穷的创造能力。
　　许多具有创造力的人都渴望跻身成功人士之列。那么，如果他们的分析性智力不够强怎么办？或许无法进入要求严格的大学或竞争激烈的专业院校，但他们通常能成为经济领域的大赢家。他们是怎么做到的？

拥有杰出创造力的财务自由者能做出明智的职业选择：他们会选择能够获得巨大收益的职业，而这通常也是他们热爱的。请记住，如果你热爱自己正在做的事情，就会有较高的生产力，在特定领域的创造力将会展现出来。罗伯特·斯滕伯格教授是人类智商研究领域的专家，他指出，创造力强的人往往热爱自己选择的职业，这是他们在生活中取得成功的主要原因之一。创造力是构成"成功智力"的主要因素[1]。

分析性智力强的人经常选择竞争激烈的职业，虽然他们也会意识到自己并不热爱这份工作。如果没有为取得成功而全力以赴的勇气，即使天赋过人，也很难在竞争激烈的经济战场获胜。诗尚草本公司创始人兼董事长莫·西格尔这样告诉记者：

> 除非你有绝对高的智商……激情对你的成功确实重要……我希望公司的每一个人都充满激情[2]。

如表 2-5 所示，86% 的财务自由者相信，是否热爱自己的事业对于能否获得成功有显著影响。只有 20% 的受访者认为高智商很重要，更多的财务自由者认为"发现独特的机遇"比"高智商"更重要。请注意，企业主作为他们中最大的职业群体，超过 80% 的

---

[1] 参见罗伯特·斯滕伯格的《成功智力》，纽约，西蒙与舒斯特出版公司，1996 年（Robert J. Sternberg, *Successful Intelligence*, New York: Simon & Schuster, 1996）。
[2] 参见约瑟芬·李的《你就是你所推销的商品》，《福布斯》，1999 年 2 月 22 日（Josephine Lee, "You Are What You Sell", *Forbes*, February 22, 1999）。

人相信"发现独特的机遇"和"抓住有利可图的商机"是非常重要的成功要素。

财务自由的人通常能发现独特的机遇或找到令人振奋的商机，这让他们更加热爱自己的工作。事实上，净资产水平与对"抓住有利可图的商机"的重视显著相关。

创造力强的人常常能另辟蹊径取得成功，他们明白自己的优势和劣势。如果缺乏资金支持，他们也许会选择其他职业。让我们以不掉色口红的发明者黑兹尔·毕肖普为例，受经济条件限制，她不能上医学院，于是找了一份药剂师的工作，为化妆品过敏研究领域的一位顶级皮肤病专家当助手。

表 2-5 成功的要素：高智商对比创造力

（样本数：733）

		企业主和创业者（%）	公司高管（%）	律师（%）	医生（%）	其他职业（%）	全部	排名*1
高智商		16（45）	18（49）	34（49）	24（50）	20（47）	20（47）	21
创造力	发现独特的机遇	42（43）	34（40）	19（35）	28（31）	25（40）	32（40）	12
	抓住有利可图的商机	35（54）	21（38）	14（43）	16（49）	17（42）	23（46）	18
	有专业素养	16（42）	9（21）	20（37）	43（30）	12（37）	17（36）	22
	热爱自己的事业	51（37）	45（41）	29（48）	56（38）	43（41）	46（40）	6

*1 根据认为该要素对于取得成功非常重要的人所占百分比计算得出排名。

依靠这些相关工作经验,她在厨房里发明了第一代不掉色口红。最终她创立的品牌占领了25%的市场份额。创造力使她摆脱了经济困境,这比她做皮肤病专家取得财务自由的可能性更高。高水平的皮肤病专家有很多,但不掉色口红的发明者只有一个——"这发生在你身上……而不是在别人身上"[1]。

创造力强的人能想出独特的创业点子,但他们通常难以获得学校老师的欣赏。他们是激进分子,可能会在客观题旁写上"答案可能不止一个",然后给出符合逻辑的解释。

成功的创业者在我们的社会中扮演着重要角色,他们在很小的时候就被鼓励独立思考,有意识地培养创造力。在标准化考试中,当美国的年轻人被其他国家的同龄人超越时,我告诉他们:

> 新加坡教育部长来到美国时,人们问他:"你来这里做什么?你们的孩子在所有国际性标准化考试中成绩都名列前茅。"他说:"我们的孩子只会考试。"[2]

显然,新加坡教育部长清楚一些美国教育工作者不知道的事情。创造力——发现和利用独特的机遇——与美国在世界上的经济地位密切相关。一个社会需要培养具备强大创造力的年轻人。

---

[1] 参见玛丽·坦嫩的《黑兹尔·毕肖普……发明不掉色口红的革新者》,《纽约时报》,1998年12月10日(Mary Tannen, "Hazel Bishop…Innovator Who Lipstick Kissproof", *The New York Times*, December 10, 1998)。

[2] 参见伊桑·布朗纳的《数学课上,自由比考试更重要》,《纽约时报》,1999年3月2日(Ethan Bronner, "Freedom in Math Class May Outweigh Tests", *The New York Times*, March 2, 1999)。

不幸的是，许多教育工作者只注重分析性智力的培养。即使是最具创造力的孩子，如果有人一遍遍地告诉他"你的考试成绩很差，你是个差生"，他的创造力也难以释放。相反，如果告诉一个年轻人，成功的道路有很多种，告诉他创造力、常识、社交技巧和诚信在社会竞技场上都具有重要作用，这个社会就会有越来越多的成功者。

我们应该告诉年轻人，如果想获得成功，就要勇敢地选择自己热爱的工作。当职业能够最大限度地激发一个人的奉献精神和积极性时，其表现将令人惊叹。

大多数人都不是通过考试或努力学习找到理想工作的。只有14%的财务自由者表示，"得益于标准化的能力评估考试结果，我找到了理想的工作"，而通过大学就业指导中心找到理想工作的人就更少了（6%）。

有专业素养

对一种职业的渴望、谨慎地选择和强烈的情感是否足以弥补分析性智力的不足？多年前，我的一个学生想攻读 MBA 课程。在大学的前两年，他多门课程拿了 C，第 3 年和第 4 年的成绩是 B。根据所申请学校的入学要求，他参加了 GMAT（管理学研究生入学考试）。一天他来向我咨询，从他的神情可以判断出他对自己的表现并不满意。

GMAT 的最低录取分数线是 450 分，他只考了 300 多分。他认为与商学院研究生课程的负责人当面谈谈或许能弥补入学考试分数的不足，但他被告知："你不是读研究生的料。"

面对一个深造之梦刚刚破碎的年轻学生，你会对他说什么？我告诉他，想读 MBA 有很多渠道。当时，一些夜校和非全日制课程都在招收学生，它们对 GMAT 成绩没有严格的要求。

这个年轻的学生很快从颓废中恢复过来，对此我毫不意外。他很有运动员天赋，在运动场上展现了充分的自律性和决心。这些品质足够帮助他找到可能接受他的学校，最后他成功了。

进入学校后，他夜以继日地学习。他的导师是一位教授，对他的学习习惯和创造力印象深刻，于是聘请他做研究助理。他向教授证明了自己的价值，学习上也表现优异。

教授是一位很有声望的研究者，发表过许多学术论文。他鼓励这个学生攻读工商管理博士学位，并写信给与自己联系密切的一些博士生导师，推荐自己的研究助理。他明确表示，申请者"虽未在 GMAT 中取得高分，但他工作努力，作为研究助理，对任何导师来说都是巨大的财富"。

这名学生最终被一个优质博士项目录取，与一位著名教授一起工作。攻读博士学位期间他开始撰写论文，直到今天仍然在核心期刊发表文章。请注意，这些期刊的编辑审查委员会从来没有对作者的 GMAT 成绩提出过要求，也不介意这个人 25 岁后才获得大学学位。他们期待的是"突破、创新和独一无二的发现"。

我了解了这个非凡的年轻人历年来的成就，他已经成为一名杰出的首席研究教授。他的许多研究生同学如今也成了教授，他们曾在 GMAT 中取得高分，但只有极少数人的成就能与他相比。数年后他发表的论文数量超过了拒绝他的那所大学的每一个老师。

智力

在生活中，以智力测试的形式测得的所谓智商与成功之间有什么关系？哈佛大学的戴维·麦克莱兰教授在一篇具有重要影响的文章中，挑战了标准化智商测试和相关能力测试的合理性[①]。

根据麦克莱兰教授的观点，传统智力测试不能解释影响成功的众多变量，但智力测试和其他各种能力测试与在校成绩高度相关。因为这些测试由特定类型的问题组成，包括问题解决、推理、阅读理解等，而作业和考试也是以这种形式呈现的。

测试支持者提出了这样的逻辑：各种测试体现了学生在学校的表现，根据他们的在校表现可以预测其在日后获得成功的概率。大多数参与该研究课题的人都同意智商测试结果与学校成绩显著相关，但是，这些测试真的能预测一个人在学术领域之外的表现吗？

> 把分数作为预测根据是否合理？事实上，研究人员难以证明学校分数与其他非测试内容的重要行为是否具有相关性。

关于测试的迷信仍在流行，因为它们听起来很有道理。测试表明，A 等生以后会获得巨大的成功，B 等生在生活中的表现则是中等偏上，C、D、E 和 F 等学生的表现会比他们优秀的同学差很多。

---

① 参见戴维·麦克莱兰的《应当测试的是能力而非智力》，《美国心理学家》，1973 年 1 月（David C. McClelland, "Testing for Competence Rather Than for 'Intelligence'", *American Psychologist*, January 1973）。

如果可以通过一个人的学习成绩预测他日后能否成功，那么这个世界是何等简单。我们可以非常肯定地告诉以全优成绩毕业的孩子："在以后的55年里，你的人生将是完美的。"但其他孩子呢？他们仅以最低要求毕业，我们不得不告诉他们："你今后55年的人生只能平庸度过了。"

生活就像一场马拉松。这场赛跑中的表现不只取决于GPA，因为人生充满意外。标准化考试不能决定这场比赛的结果，否则政府就需要每一年都重新分配国家财富——分给那些高智商的人。如果最终实现财富成功的都是高智商的人，那么为什么不干脆直接省略中间的过程呢？

请给年轻人一个机会，让他们充分参与人生的游戏。不要在一开始对他们说这样的话：

> 游戏结束了。你输了。你永远也赢不了。你永远考不了高分。

许多心理学家和大学管理人员甚至大众都不能相信或接受这个事实——高分只能代表一个人在学校的表现，不能以此判定他在其他领域能否成功。为什么我们的社会如此重视应试能力？我们过度关注结果，想即刻知道谁能在今后成功，并在他们取得成功前就给予奖励。实际上，我们生活在一个充满假设的社会。

尽管如此，仍然有些学生拒绝接受这些以学习成绩为导向的预测的影响，众多财务自由者就属于此类。那些在学校考试和所谓的智力测试中表现优异的人也无法证明成功是可以预测的。那些考不了高分的财务自由者认为，创造力、努力工作、自律和包括领导能力在内的社交能力比学习成绩、智力测试结果更有意义。他们的成功打击了那些推崇测试的人。

显然，教育工作者往往认为，在学校成绩优异的学生在今后的生活中也一定会表现优异，他们忽视了很长一段时间以来就已经暴露出来的与此截然相反的现象。

这不是否认教育对取得财务自由的重要性。根据麦克莱兰教授的观点，大学学位仍是求得高薪职位的敲门砖。然而，他发现在生活中，一些在大学里GPA分数较低的学生最终和最优秀的学生表现得一样好。我对财务自由者的研究结果与麦克莱兰教授的发现完全一致。从统计学上讲，GPA和SAT分数对财富或收入没有明显影响。

唯一的例外是毕业于医学院、法学院的受访者。他们必须考试成绩优异，并且在相关的能力测试中取得高分，才有可能被这些专业院校录取。然而，今天他们大多未能进入千万美元净资产阶层的行列，通常，他们的净资产为100万~500万美元。那么，在美国哪些人才是千万美元净资产阶层呢？答案是成功的创业者。他们中的大多数人并不是优等生，若是按考试成绩论，没有人会认为他们能够获得财务自由。

另外，有的人倾向于根据考试成绩选择学习方向，并最终决定职业选择。以数学天才R.A.博士为例，她的SAT成绩中数学得分非常高，所以那些顶尖科技大学向她伸出了橄榄枝。只要她选择计算机科学、工程学或数学专业，他们都会向她提供奖学金。

但R.A.博士不只有优异的SAT成绩和分析性智力，还有出色的创造力和丰富的常识,她是一个擅长社交的人,朋友很多。在高等微积分水平测试中取得了满分,就意味着只能选择数学和工程学吗？R.A.博士喜欢和人打交道并研究他们,人们都喜欢她。所以,她最终选择了心理学专业,主要的研究领域是心理评估。她最近刚刚完成学业,开始她热爱的职业生涯。

如果R.A.博士听从指导老师的意见,选择数学、自然科学或工程学专业,她或许就不会在学习中体验到快乐。指导老师只看到了她的数学天赋,却没有关注其他因素。

从我的研究数据中可以清晰地看到,关于职业选择,父母和指导老师会根据考试成绩给学生下一些"强制命令",而这与学生本人对工作的满意度明显呈负相关关系。因此,请追随R.A.博士的脚步,用能力和决心去争取你想要而且需要的,不要让别人告诉你什么可以让你快乐。

如果智力测试显示你在某方面具有天赋,也就表示你在相应领域具有强大能力,但如果运用这种能力并没有使你得到心理上的满足,你就不可能取得真正的成功,因为真正的成功通常要求你享受工作。斯滕伯格教授说:

> 在现实(如工作表现)中,有75%～96%的变化不能用智力测试分数差来解释。[1]

获得财务自由的逻辑很简单。如果你在自己选择的职业中

---

[1] 参见罗伯特·斯滕伯格等的《常识测试》,《美国心理学家》,1995年11月(Robert J. Sternberg, "Testing Common Sense", *American Psychologist*, November 1995)。

表现优异，就可能比别人赚得更多，创业者尤其如此。赚得多，就有更多机会积累财富。如果你懂得储蓄和投资要高于消费的道理，财富就会越来越多。

理财能力

近年来，投资者在股票市场大获成功的话题备受关注。那么，美国大多数白手起家实现财务自由的人都是在股票市场诞生的吗？如果你读了近年来的商业和投资杂志，可能会回答"是的"。但是，基于25年来收集的相关数据，我持有不同观点。

如表2-6所示，只有12%的财务自由者认为"投资上市公司的股票"是解释他们成功的非常重要的因素，30%的人认为这个因素重要。这并不意味着大多数财务自由者不投资股票，相比于其他投资者，他们只是对股市有更实际的认识。在他们看来，股市只是众多投资渠道中的一种。35%的财务自由者认为"做明智的投资"是他们取得成功的要素。

财务自由者的投资总是很明智，但并不是所有明智的投资都发生在股票市场。大多数财务自由者会告诉你，投资股市并不是非常重要的成功方式。认为"创业"（29%）"勇于承担财务风险"（29%）和"投资自己的企业"（26%）最重要的财务自由者所占比例明显更高。正如我们预料的那样，大多数企业主和创业者更倾向于投资自己的企业。认为"投资自己的企业"很重要的财务自由者占比合计达87%。

表 2-6 成功的要素：投资股市对比投资自己的企业（样本数：733）

		企业主和创业者（%）	公司高管（%）	律师（%）	医生（%）	其他职业（%）	全部（%）	排名*1
投资股市	投资上市公司的股票	12（28）	10（36）	11（32）	13（26）	14（30）	12（30）	27*2
	聘请优秀的投资顾问	13（29）	8（32）	6（22）	20（33）	11（27）	11（28）	29*2
投资自己的企业	做明智的投资	41（42）	27（41）	23（43）	33（48）	35（39）	35（41）	10*2
	创业	45（40）	12（31）	19（40）	46（39）	21（34）	29（36）	13*2
	勇于承担财务风险	42（49）	27（43）	15（36）	21（48）	22（45）	29（45）	13*2
	投资自己的企业	50（37）	12（20）	15（21）	24（38）	14（23）	26（28）	17
	生活上量入为出	14（30）	9（23）	13（27）	16（36）	15（30）	14（29）	24*2

*1 根据认为该要素对于取得成功非常重要的人所占百分比计算得出排名。
*2 排名与其他要素并列。

为什么他们更愿意投资自己的企业而非股市？在本次调研中，具有代表性的受访者实际年收入超过60万美元，这些收入几乎都来自他们的本职工作，如企业主、公司高管、律师、医生等。就像我经常引用多年前采访过的一位财务自由者所说的话：

> 我的财富来自自己的企业，任何高收入人士都不喜欢投

机……我为我所获得的东西努力工作，一旦你也这样做，就不会放弃。

这位财务自由者不做高风险投资，并且对于投资其他公司的风险有着清醒的认识。大多数财务自由者确实投资股市，但他们绝不会靠此致富。他们不相信在扣除手续费、税费和下跌影响后，股市带来的收入能超过从自己的企业中获得的收入。请看表2-6，明智的投资者、风险承担者和投资自己企业的人有一个共同点，他们更倾向于"生活上量入为出"。

就我研究的财务自由群体而言，尽管节俭和生活上量入为出不是他们获得成功最主要的因素，但他们知道，这样可以做更多投资。

投资上市公司的股票

今天，白手起家实现财务自由的人对金钱嗅觉灵敏，能敏锐地发现经济机遇。有人说如果他们能够不断地准确预测市场动向，许多人就会卖掉自己的企业，把持有的股份变现，然后将所有的钱投入股市。然而事实并非如此，大多数财务自由者了解股市的本质——它不是某个投资者能够影响或控制的。而他们能够控制和影响他们自己的企业、诊所、律师事务所以及各种资产。总之，他们很少把鸡蛋放在一个篮子里。

他们会将一部分资金用于投资，股市只是众多投资渠道中的一种。但最初的资金是从哪里来的？狂热的股民会回答，钱是从股市赚的，然后再投资到股市。如果你看了投资公司和证券投资信托基金赞助的成千上万的广告,一定也会这样认为。他们喜欢强调历年来股市投资者获得的高额回报,却不告诉你财富是从哪里来的。

他们避而不谈的到底是什么呢?很简单:如果你从主业获得的收入不足以支付衣食住行等基本花销,就没有钱投资股市。几乎所有财务自由者的财富都源自本职工作,只有极少数人是职业股市投资者——从股市赚钱做其他事的人。那么,净资产超过千万的人是否更愿意投资上市公司的股票呢?事实上,他们中有1/3的人表示,"投资上市公司的股票"不是他们取得财务自由的重要因素。他们通常会将更多的财富投资于私人或大股东绝对控股的公司(表2-7)。

净资产超千万美元的人大多认为,依靠投资顾问(那些出售有关上市公司股票投资建议的人)不太可能实现财务自由。白手起家的千万资产者尤其赞同这一观点,但那些至少有10%的财富来自遗产继承或赠予的财务自由者,对此则持有不同的看法。

这个群体中大约有一半的人相信,投资上市公司的股票和咨询投资顾问有助于实现财务自由。但是,如果他们没有继承遗产,还有钱投资吗?与之相对,白手起家实现财务自由的人更愿意投资私人绝对控股的公司,他们知道,不是只有大型上市公司才有优秀经理人,私人企业中也有许多才华横溢的管理者。

投资自己的企业

如果自己的企业每年能带来数百万美元的收入,你可能就会像大多数财务自由者一样,把资源集中到自己的生意中。在这种情况

表2-7 财务自由者的投资倾向：上市公司的股票对比其他金融资产

净资产（百万美元）	1~2	5~10	≥10
平均值（百万美元）	1.471	6.809	27.917
选定金融资产*[1]占净资产的百分比（%）：			
上市公司的股票	16.8	23.6	26.4
私人绝对控股公司的股权	8.5	15.8	28.3
国债或免征利息税的债券	8.8	12.4	12.4
现金或现金等价物	7.5	4.1	2.3
借款或应收账款	3.2	3.8	3.1
非公司制企业的股权	2.7	3.8	6.1
合伙企业	1.1	3.1	4.1
商业投资或房地产收租	18.1	15.1	11.0
合计	66.7	82.3	93.7
合计（不包括上市公司的股票）	49.9	58.7	67.3
上市公司股票占合计金融资产百分比	25.2	28.7	28.2

数据来源：根据美国MRI数据库和美国国家税务局1995年数据测算。
*[1] 包括个人住宅产权、公司债券、外国债券、人寿保险净值、储蓄债券、机动车、收藏品、个人动产产权。

下，你会怎样看待股票市场和股票投资呢？

假设你是一位成功的律师，年收入达数百万美元。你的工作很繁重，每周工作60~80小时是常事，但你并不能一劳永逸，因为每个案子和客户都不一样。尽管今年赚了 300 万美元,但明年必须更努力,才有可能赚得更多。

于是你尝试了另一种方式——用收入去投资。一部分收入用于投资股票,希望至少能跟上通货膨胀的节奏,如果能有合理的回报那就更好了。若是几年的股票投资能够带来 30% 的收益,你甚至可能想放弃高收入的律师工作,做一个职业投资人。

但你永远不会那样做。在你看来,职业投资人并不是在做一家真正的企业,坐在电脑屏幕前永远不可能产生忠实的客户,甚至会使你在社会中处于劣势。你清楚地意识到,哪怕是大型上市公司,也会犯战略性错误。如果自己也犯下类似的错误,一定会破产。自己的本职工作更高产,而股市的高回报充满了人为的泡沫。所以,你抵制了股市诱惑,没有关掉律师事务所成为短线投资者。

永远不要好高骛远。如果你是企业主、公司高管、医生或律师,那么命运就由自己掌握。一位财务自由者说:

> 我们能感觉到自己能力的边界,知道应该做什么。万事由自己做决定……这是一种能力,支撑我们成为自己的国王。
>
> 我的胡须就是一家"小公司",在卫生间刮胡子的时候,我召开了一次简短的董事会。
>
> 不赞成我的可以离开,这样很简单,而且非常民主。

聘请优秀的投资顾问

让我们换个角度来看。如表 2-6 所示,只有 11% 的财务自由者表示"聘请优秀的投资顾问"是影响他们获得成功的非常重要的因素，与之形成对比的是，有35%的财务自由者相信"做明智的投资"是非常重要的因素，后者约是前者的3倍。尽管大多数财务自由者至少是一家投资经纪公司的客户，但多数人还是自己做投资决策。

实际上，财务自由者们并不完全相信股票经纪人的建议。他们告诉我，股票经纪人是销售专家，一个把大多数时间花在销售上的人没有多少时间研究投资机会。正如一位受访者所言："如果股票经纪人能预测未来，他们就不会一直做股票经纪人。他们只是通过销售来赚钱。"

几个年龄相当、不同职业的群体，在收入相等的条件下，谁能积累更多的财富？会是股票经纪人吗？毕竟，他们是兜售股票的投资专家。

在一次对全美国富人进行的调研中，有121位股票经纪人完成了问卷。他们的年收入有低至10万美元的，也有超过100万美元的。把他们与同收入水平、同年龄层的企业主、创业者、公司高管、律师和医生相比较，会发现什么呢？

调查显示，年龄较大的受访者希望积累更多财富——平均而言，年龄与财富显著相关，收入与净资产显著相关。基于这个特定的数据，我们得出以下公式，这个公式常被用于计算受访者的预期净资产：预期净资产 = 年龄 ×0.112× 收入。例如，爱迪生先生是一位企业主，年龄50岁，家庭实际年收入34万美元，他的预期净资产就是190.4万美元；斯迈思先生45岁，年收入15.5万美元，预期净资产就是78.12万美元。

如果爱迪生先生的实际净资产至少是预期值的 2 倍，他就是我所说的资产型富人。与之相对，如果斯迈思先生的实际净资产少于预期值的一半，他就是收入型富人。这说明，在相同年龄层和收入水平的人群中，斯迈思先生的实际财富水平较低。

表 2-8 中的数据告诉了我们一个有趣的现象：77.7% 的企业主实际净资产超过预期值，但只有 34.4% 的股票经纪人实际净资产超过预期值。

表 2-8 谁更富有：股票经纪人对比其他高收入职业群体

财务状况 衡量标准	股票经纪人 （样本数： 121）	企业主 （样本数： 244）	公司高管 （样本数： 120）	律师 （样本数： 93）	医生 （样本数： 78）	预期值： 所有高收 入群体
超过预期净 资产（%）	34.4	77.7	80.0	59.1	56.4	50.0
资产型富人（%）	13.6	46.3	43.3	29.9	21.8	25.0
收入型富人（%）	27.0	7.0	10.8	22.6	12.8	25.0
资产型富人对比收 入型富人的比值	0.5	6.6	4.0	1.3	1.7	1.0

表 2-8 参照资产型富人的标准对各个高收入群体进行了对比。在我的调研中，净资产是预期值 2 倍以上的受访者被归为资产型富人，他们是财富积累者中最出色的 1/4。与相同收入水平和年龄层的其他群体相比，在积累净资产方面他们是最出色的。

46.3% 的企业主是资产型富人，而只有 13.6% 的股票经纪人在此行列中。与之形成鲜明对比的是，27% 的股票经纪人是收入型富人,但只有7%的企业主属于此列。

在收入型富人群体中,股票经纪人占比明显更高。尽管如此,还是有些杰出的股票经纪人属于资产型富人,他们不仅投资明智,而且在消费方面也非常明智。

沃德与罗杰斯

沃德先生是一位资产型富人,罗杰斯先生是一位高收入的股票经纪人。他们都是所属群体中的典型代表。

沃德先生是一位企业主,净资产大约有500万美元。他拥有并亲自管理着一家成功的再生资源回收企业,住的房子价值超过100万美元。20多年前,他买下这座房子时花了20多万美元,目前按揭贷款已全部还清。

沃德先生怎样解释他的成功呢?他认为,"投资自己的企业""勇于承担财务风险"和"抓住有利可图的商机"对于获得财务自由非常重要,而"投资上市公司的股票"和"聘请优秀的投资顾问"则不是重要因素。沃德先生认为,投资上市公司的股票是再生资源回收企业所获利润的保值方式,但并不是他成功的根本原因。他把30%的资金用于股票投资,但仍然认为自己的企业才是财富之源。对他来说,股市只是一个存放利润的地方。

沃德先生不会完全听从股票经纪人的建议,这位股票经纪人就是罗杰斯先生。3年前罗杰斯先生花费200万美元在沃德先生家附近买了一所房子。与沃德先生不同的是,他负担了100多万美元的按揭贷款。并且按照年龄和收入特征来看,沃德先生的净资产是预期值的 5 倍，而罗杰斯先生的净资产只有预期值的 34%。然而，罗杰斯先生坚信自己是富有的。在他看来，在所有成功要素中最重要的一条就是具备推销自己的创意和产品的能力。

同时，在解释成功的原因时，罗杰斯先生削弱了他所销售的产品或服务的重要性。他的工作是销售投资建议和股票，但在解释他的成功时，他把以下两点都归为了非重要因素：投资上市公司的股票和聘请优秀的投资顾问。

罗杰斯先生认为，他的财富是通过销售工作赚来的，而非投资。

你希望向谁咨询投资建议呢？或许寻找一个可靠的资产型富人做投资顾问会更好一些。我从不与收入型富人打交道，多年来我已经屏蔽过不少这样的人，因为他们的目标是将收入最大化，而这些收入通常被用于负担高消费。他们大多有大量负债，我认为，当破产成为潜在威胁时，他们当中的许多人将无法提供优质服务。

> 智慧人家中积蓄宝物膏油，愚昧人随得来随吞下。
> ——《圣经·箴言篇》，第 21 章第 20 节

自律还是运气

《韦氏词典》对"自律"的定义是："用以修正、塑造、完善心智或道德标准的自我训练。"相应地，自律的人的重要特征就是具备成熟的心智和明确的道德标准。因为从一定程度上说，自律意味

着在工作和道德方面表现完美,所以道德与诚信相关。

大多数最终实现财务自由的人有较强的自律能力,他们为自己设立较高的目标,然后努力达成。自律性的一个标志就是具备独立实现财务自由的能力。财务自由者们自己制订计划,不用别人告诉他们什么时候该起床,什么时候该工作。

在工作中,他们会自己制订日程表,合理安排各项任务;在生活中,他们有能力管理好自己的日常事务。而另外一部分人,必须得有人替他们规划才能生活。

大多数美国人都不是注重积累财富的人——他们往往会很快花掉大部分或全部收入,近30%的美国家庭净资产是负数。而大多数财务自由者白手起家,其中有超过60%的人没有继承分毫遗产,完全靠自己取得了财务自由。

他们通常将自己的成功归因于自律再加一些好运。在表2-9中,接受调研的财务自由者中只有12%的人表示"好运"是影响成功的非常重要的因素,与将成功归因于"自律"(57%)和"比大多数人更努力"(47%)的财务自由者所占比例形成鲜明对比。许多人曾告诉我,能在美国生活和工作,他们深感幸运。对于从事农业的财务自由者来说,他们很庆幸有充足的雨水来种植农作物。是的,运气对于一个人的成功确实有一定作用,但大多数人的财务自由源自积极的行动。

一位好朋友曾经对我说,我的书登上《纽约时报》畅销书排行榜是因为我走运。但我告诉他,一本书平均需要写150万个字母,这可不完全是靠运气完成的。就像许多白手起家的财务自由者曾告诉我的:

工作越努力，就越幸运。

自律的人着眼于远大目标，努力寻找实现目标最直接的路线，他们从不轻易改变目标。

表 2-9 成功的要素：偶然性对比纪律
（样本数：733）

	企业主和创业者（%）	公司高管（%）	律师（%）	医生（%）	其他职业（%）	全部	排名 [*1]
自律	54（39）	57（37）	63（35）	73（24）	54（42）	57（38）	1 [*2]
比大多数人更努力	49（40）	42（46）	49（39）	61（35）	44（43）	47（41）	5
组织能力强	36（48）	32（48）	42（42）	50（40）	32（54）	36（49）	9
好运	17（35）	12（43）	7（34）	4（35）	11（32）	12（35）	27 [*2]

[*1] 根据认为该要素对于取得成功非常重要的人所占百分比计算得出排名。
[*2] 排名与其他要素并列。

有一个特别有趣的现象，在职业为医生的财务自由者中，只有4%的人认为好运非常重要，而73%的人认为自律非常重要。他们在进入高中前就非常渴望能成为医生，并且一直坚持不懈地努力。从医学院毕业到成功地经营一家诊所，好运的作用都很有限。

我们不能过分强调自律对于实现财务自由的重要性，但可以说，如果缺乏自律，成功积累财富的可能性会非常小。

在佛蒙特枫林的一次宴会上，朋友约翰介绍我认识了一家大型医院的放射科首席专家。后来他告诉了我这位专家的一些趣事——

他曾经是一个高中辍学生！约翰说："部队经历使他学会了自律。在一次战斗中，他在弹坑里待了一夜，那时他只有17岁。"

他整夜都在担心，下一轮轰炸中死的也许就是他。他责怪自己辍学，心里想着，如果更自律一些，就不会陷入这种境地了。那天晚上，他对自己发誓，如果能活着回去，一定要成为一名医生。经历了那个被死亡阴影笼罩的夜晚之后，他开始努力学习自律。

自律的人好比身怀指南针，这意味着只有在实现目标的路线发生变化时，他才会调整行动计划，他们的目标始终是明确的。

在一次采访中，讯科公司创始人肯尼思·塔奇曼这样定义自律：

> 这个社会中到处都是项目启动者，而我是一个完成者……这句话一直提醒着我。[1]

有人天生运气好，但这并不是绝对的。也许你30岁时买彩票中了500万美元，但若想到65岁时仍是财务自由者，需要的就远不止好运了。

我访问过许多有幸继承高额遗产的人，其中一部分人的财富水平不断提高，他们说："成功绝不是靠运气。"他们至少都聘用了合格的资产管理人，并且在合理分配可供投资的现金方面做了大量工作。

什么是自律？对于一位来自内华达州的财务自由者来说，就是要懂得租一辆奔驰车不会让你变得富有，重要的是持续关注净资

---

[1] 参见阿德里安娜·桑德斯的《成功的秘诀》，《福布斯》，1998年11月2日（Adrienne Sanders, "Success Secrets of the Successful", *Forbes*, November 2, 1998）。

产。自律也意味着无论何时都要站在你的配偶身旁,守护对方,每天为拥有心灵契合的配偶心怀感恩。就像一位来自佐治亚州的建筑承包商所说的:"我的妻子宽容、理性、独立、平和……我非常感激她。"

当你贫困的时候,自律能帮你找到财富之源。我曾问过一位来自纳什维尔的财务自由者,他的财富和职业操守源自何处,他把"军队"这个词写了7遍。

要成为富有的人,就必须在思想和行动上充分自律,这会帮助你发现巨大的商机。

第 3 章　学校成绩不能决定你的未来

　　如何看待为你工作的天才？他们在越来越细分的专业领域持续精进。
　　——约翰·帕克斯（实现财务自由的 C 等生）

　　如果你问一个普通人如何实现财务自由，他可能会列出一长串要素：继承遗产、好运、投资股市……但排在最前面的通常是高智商、高分数和上个好大学。事实证明，要打破普通大众的这些思维定式或许很困难，但我所研究的一些白手起家实现财务自由的人证明，这些想法是错误的。数据显示，他们当中只有一小部分人在考试中取得了高分或者进入了顶级大学。对于大多数财务自由者而言，没有做到这些也获得了成功。

他们智力超群吗?

在我写作本书时,行业杂志《出版人周刊》发布了本书的预告。

预告引起了很大反响。一家大型出版公司的资深编辑打来电话问我能否简要介绍一下这本书,我照做了。他对下面的内容特别感兴趣:

> 我访问过的大多数财务自由者并没有所谓的优越感。相反,他们甚至或多或少都有些自卑。当我请他们讲讲自己的人生故事时,他们说:
> 大学时我是一名C等生。
> 我的大学入学考试成绩并不出众。
> 我的心理学课只得了D。
> 你应该没有兴趣写我的故事。
> 我有学习(阅读)障碍。
> 我因为成绩不好而从大学退学了。
> 我六年级的时候留过级。
> 我只有高中学历。
> 没有一家法学院肯录取我。

这些谦虚的财务自由者有一个共同点:在他们的性格形成时期,都有一些权威人物如老师、父母、辅导员、老板或能力测试组织告诉他们:你不是智力超群的人。

这位编辑对我的工作表现出浓厚的兴趣,他向我推荐了一本书，书名叫《成功智力》。这本书对我所研究的领域有深刻见解，在序言中，人类智商研究领域备受推崇的权威之一罗伯特·斯滕伯格写道：

> 我是耶鲁大学的一个荣誉讲席的终身教授，获得过许多奖项，发表的论文和出版的专著有600多篇（部），得到的科研补助和项目合同金总额超过1 000万美元。我是美国人文与科学学院院士，入选过《美国名人录》……然而，我生命中最幸运的事是曾经经历过的一次失败。当我还是一个小孩的时候，在智力测试中表现得一塌糊涂。为什么说这是幸运的事？因为它让我明白，如果有一天我成功了，那绝对不是因为我智力超群。并且……就像在僵化的智力测试中获得低分并不意味着以后不能成功一样，获得高分也不能保证成功。

斯滕伯格教授与我研究过的大多数财务自由者有一个共同点：在性格形成时期和学校生活中，都曾受到过周围人的贬低。但后来他们都以出色的工作表现予以反击，超越了所谓的高智商天才。

斯滕伯格教授通过开发多种类型的智力衡量方式，展现出了非凡的创造力。他把《成功智力》献给了他四年级时的老师亚历克莎夫人，亚历克莎夫人不在意那些智商测试的结果，作为斯滕伯格教授的老师，她一直希望他能够成为一个优等生。自那时起，斯滕伯格教授的学习成绩一直很优秀。最终，他以最优等成绩从耶鲁大学毕业，获得了学士学位，后来，他又取得了斯坦福大学的博士学位。

在写作这一章内容期间,我带着女儿萨拉去佐治亚州立大学听了斯滕伯格教授的演讲。那天是星期五,一个温暖的春日,演讲从下午三点半开始。一般情况下,星期五下午的课很少有学生来上,但那天不一样,教室里座无虚席。斯滕伯格教授的演讲从不让人失望,他不仅是个好作家,还是一个出色的演说家,他的话语总是能够振奋人心。他指出,大多数成功人士都对自己选择的职业充满热情。

演讲结束后,我在去往停车场的路上向萨拉提出建议:

> 一定要读读斯滕伯格教授的《成功智力》,这本书能够帮助你实现目标。记住他说的话,如果你热爱你的工作,就很可能会成功,但你必须努力工作,发挥创造力和分析性智力,多多思考,认真研究。做到这些,你就会成功。

成功有许多原因,没有单一的要素能够完全解释它。如果年轻人可以充分利用自身优势,就有可能取得成功。斯滕伯格教授用自身的经历证明:"智力超群"只是由标准化考试或学校成绩衡量出来的结果,如果以此为判断依据,那么大多数财务自由者都会被排除在外。

最聪明的笨小孩

詹姆斯·帕特里克上三年级的时候,发生了一件事。他的老师希斯特·艾琳(被孩子们称为"制裁者")将全班30名学生分成了三组,她安排第一组学生坐在教室前两排,并把他们称为"聪明的孩子";第二组学生被安排坐在第三排和第四排,他们是"普通的孩子";第三组学生——所谓的"笨孩子",被安排在了第五排和第六排。

希斯特·艾琳给学生分组的依据是什么?根据帕特里克先生的说法,她的标准是能否按时完成家庭作业、拼写正确、字迹工整。这些标准能判断一个人的智商吗?很显然,帕特里克先生不这样认为:"如果她的标准是正确的,那我一定是'笨孩子'中最聪明的!"

如今,帕特里克先生以优异的成绩从顶尖大学毕业并获得了博士学位,经营着3家企业,资产超千万。他说自己的字仍然写得不好,除了秘书偶尔能认出他的笔迹,其他人都不行。

帕特里克先生认为,小学老师对孩子创造力的判断有偏差。"当我建议给字母表增加一个新的字母时,你能想象希斯特·艾琳的反应吗?如果所有的美国小学生在三年级时都被希斯特·艾琳那样的老师按照这种标准分组,那么会有多少潜在的发明家被扼杀在摇篮中?"

那些坐在前两排的聪明孩子有出色的拼写能力、字迹工整,他们常常被寄予厚望——未来创造出伟大发明,推动技术革新。但帕特里克先生更想知道那些被归为"笨孩子"的同学后来怎么样。

那些孩子也认为自己很笨吗?会因此早早就放弃获取成功的愿望吗?帕特里克先生猜想许多人确实放弃了,但他是一个例外。

在我的一生中,有很多人不断告诉我:你做不到,你没有天分。他们的贬低会严重打击你的进取心，阻碍你取得成功。如果我当初相信了希斯特·艾琳的话，现在很可能只是某座大桥上的收费员或者缴纳过路费的卡车司机。

帕特里克先生从来没有相信过希斯特·艾琳对他的评价。事实上，他在还是个小孩子的时候，就开始质疑老师的权威。坐在教室中，他常常问自己：

字迹和拼写为什么这么重要，难道文章中的思想无关紧要吗？我记得，上六年级时大家写的所有读书报告都是在总结别人的思想，但希斯特·艾琳就是爱布置这种作业。这些人可能根本没有能力独立思考。

不只是帕特里克先生，在白手起家实现财务自由的人中，大多数成功的企业主都遇到过希斯特·艾琳这样的人。

质疑规范、现状和权威是财务自由者和注定成功的人共有的特质。写作技巧、拼写能力或工整的字迹不太可能让人实现财务自由，但拥有这些能力的人却被视作聪明人。

今天，很多像帕特里克先生那样的"笨小孩"仍然常常受到批评和贬低。他们当中的许多人对这些贬低无力反击，而帕特里克先生则像是打了疫苗，希斯特·艾琳的批评就是小剂量的抗体。

当帕特里克先生在学校得到消极评价的时候，就会回家做一个新的飞机模型或者用积木搭出新的造型。父母会鼓励他："你是个机械设计天才，非常有创造力。"

上了高中和大学之后,帕特里克先生的语言课成绩总是C或D,而专业课成绩则是A或B。有些人虽然语言课成绩是A,但缺乏创新思想,也没什么数学和科学天赋。他不停地告诉自己,这些人总有一天会被残酷的社会现实打败。在现实生活中,对痛苦免疫的人才能获得成功。

帕特里克先生上小学时,那些一直坐在前两排的同学后来怎么样了?他们如何应对工作中的负面评价甚至失业?当人们的创意、行为和思想遭到贬低时,什么样的人抗压能力更强?事实证明,那些对贬低者说"走开"、能把批评转化为激励的人更成功。

除了帕特里克先生,还有一些孩子拒绝被希斯特·艾琳贴上愚笨的标签,因为其中一些人遇到了开明的导师,一些人有明智的父母鼓励他们。许多财务自由者遗传了长辈的坚韧特质,他们把希斯特·艾琳那样的人当作不太高明的对手。帕特里克先生很高兴,他通过自己的努力证明了对手是错的——多年后他积累了千万资产,钱包里总是放着一份简明的财务报表,报表的顶端写着一句话——最聪明的笨小孩。

真正重要的能力

如果传统的成功衡量标准——学习成绩不能预测一个人未来的发展,那么对于具有经营生活智慧的人来说,真正重要的成功要素是什么?研究表明,财务自由者具备两种基本能力:坚韧不拔的毅力和卓越的领导能力。

坚韧不拔的毅力

戴夫·朗加伯格先生的小学老师从未想到过他会成为一位成功的企业主。朗加伯格先生在小学阶段曾 3 次留级，高中毕业时已经 21 岁了。他患有癫痫，并且严重口吃，因而影响了学业。[1]

一个留了 3 次级的人似乎不太可能积累千万美元的资产。他的 7 000 多名雇员中有多少人留过级？有多少人想给一个 21 岁才从高中毕业的人打工？我猜那些雇员中并没有人关心老板在校时的分数和名次。他们只是想为一个可靠的人工作，谁会在意他在学校里是不是第一名？

那些学习成绩并不出色的财务自由者有一些共同特质和相似经历。他们大多早早开始工作，自尊心或许在学校受到过打击，但也在工作中得到了增强。朗加伯格先生的第一份工作是在一家商店做仓库管理员，他和大多数白手起家实现财务自由的人一样，在工作中展现出了非凡的韧性。

一个人必须具备坚韧不拔的毅力，才能战胜口吃、癫痫、多次留级，最后获得成功。明智的父母会告诉孩子："如果你努力工作，就能有所成就。"相比于糟糕的经历，努力工作更加重要。去年，朗加伯格先生的客户从他那里总共购买了 7 亿美元的产品，有多少客户会在意他的小学成绩呢？

许多后来的成功者没有被早期糟糕的学习成绩打败。极差的课

---

[1] 参见小罗伯特·托马斯的《戴夫·朗加伯格：64 岁的竹篮制造商去世了》，《纽约时报》，1999 年 3 月 22 日（Robert McG. Thomas Jr., "David Longaberger, Basket Maker, Dies at 64", *The New York Times*, March 22, 1999）。

堂表现、惨不忍睹的考试得分，这些失败会击败相信"成绩等于成功"的人，但如果他们朝着更远大的目标不懈奋斗，那么仍然有取得成功的机会。

卓越的领导能力

墨守成规的人往往会想当然地认为领导者们从幼儿园到大学毕业一直是全优生，SAT 得满分。除此之外的人只能为这些领导者打工。但是，在学校表现完美的人未必能成为优秀的领导者，因为分析性智力与领导能力并不是紧密相关的。在一项研究报告中，弗雷德·菲德勒和托马斯·林克总结道：

> 众所周知，智力测试无法精准评估一个人的领导能力，如果一定要说智商与领导能力、管理才能之间有什么关系……智商可能只有不到 10% 的相关性。
> 实际上，智商的作用可能被高估了。在某些条件下，领导者的智商与能力甚至呈负相关关系。[1]

不幸的是，老师们几乎不会告诉学生，90% 的领导能力无法用

---

[1] 参见弗雷德·菲德勒、托马斯·林克的《领导者智力、人际压力与工作绩效》，出自 R.J. 斯滕伯格与 R.K. 瓦格纳等所著的《竞争中的心智：关于人类智力的互动论》，纽约，剑桥大学出版社，1994 年（Fred E. Fiedler and Thomas G. Link, "Leader Intelligence, Interpersonal Stress and Task Performance", in R. J. Steinberg and R. K. Wagner, eds., *Mind in Contest: Interactionist Perspectives on Human Intelligence*, New York: Cambridge University Press, 1994）。

智力测试衡量。就因为在学校表现欠佳或 SAT 分数不理想，有多少孩子在人生刚开始的时候就放弃了自己？他们本应该得到鼓励："你还有机会，你需要更努力一些，或许你也有领导别人的能力。"这是一种成功的希望，对人心有很大鼓舞。

如果你同时具备坚韧不拔的毅力和卓越的领导能力，最终就会超过那些所谓的"天才"。许多参与调查的财务自由者已经证明，事实确实如此。

在学校学到了什么？

许多高中生的父母向我咨询孩子的学习问题。他们为孩子无私地付出，但心中仍然很担忧，甚至恐慌。

由于孩子没有入选所谓的天才项目（TAG, Talented and Gifted），一位母亲打算对学校提出诉讼，因为她坚持认为自己的儿子既有天赋又有能力。但在该项目的选报条件中，考试分数和中学核心课程成绩占有相当大的权重，全年级只有大约 1/5 的学生符合入选标准。

这位母亲很担心孩子因此被贴上"非天才"的标签。全年级共有 433 名学生，有 20% 的学生入选了 TAG，剩下的 80%（大约 346 人）未能入选。这并不意味着这些孩子不能成为优秀的成年人。我很担心，如果用这种方式给学生贴标签，容易受外界影响的人或许永远无法发挥自己的潜力。他们会深信自己没有天赋，会认为生活中只有"天才"才能取得成功。

标签通常会激发相应的行为。在这个案例中，母亲坚持认为这种标签会影响儿子的未来。但要注意，只有当她深信儿子将成为一个失败者时，他的儿子才可能真的变成一个失败者。

生活是一场马拉松，如果你确信自己能取得成功，那么即便受到负面影响，也仍然可能在这场比赛中获胜。许多财务自由者说，他们也曾被贴过"较差"或者"平庸"的标签，但他们拒绝接受并战胜了重重阻碍。这就是我对那位母亲的回答。

除此之外，我还告诉她，战胜"非天才"标签的过程会使她的儿子更加强大。不是每个人都能成为班级第一，但每个人都有时间和机会获得成功。如果父母始终如一地鼓励孩子，告诉他们将来会成功，就更有可能培育出优秀的人才。

所以这位母亲最好改变消极想法。她可以用省下的律师费给儿子请一位家庭教师，告诉儿子只要不懈努力就有可能成功。对于一个16岁的孩子来说，他的未来不会被一个标签毁掉。

我研究过财务自由者的在校经历，只有2%左右的人表示自己的成绩排在班级前1%。约有30%的人说，在大学期间他们有一半以上的课程成绩为A。有90%的人在大学毕业时平均GPA得分是2.9，并不算出色。

几乎所有的财务自由者都认为，在校经历对于他们日后走向成功的确有某种影响（表3-1），其中有一些经历尤其有价值，其重要性远远超过了在校成绩和其他人的评价。

财务自由者谈到了职业道德问题，却没有提上课和考试。上学的时候，许多人都做兼职工作，也有许多人花大量时间学习如何准确地判断一个人。这个学习过程通过参与校内外的各种活动不断被强化。

表3-1 提高自律性和分辨力:影响财务自由者的在校经历(样本数:733)

在校经历		受到(不受)该项经历影响[1]的财务自由者所占百分比(%)
自律	培养良好的职业道德	94(2)
	学会合理分配时间	91(1)
	上学期间兼职	55(21)
	获得大学奖学金	20(60)
分辨力	学会准确判断一个人	88(3)
	培养自己的兴趣和技能	86(3)
	学会独立思考	76(6)

[1] "影响"是指受访者认为该经历对自己产生了强烈影响和一般影响。

如果你想取得财务自由,最好多学一些技能,提高综合素质,努力工作,学着融入社会,乐于与人交往。

许多财务自由者认为,表3-1中所列的在校经历是他们获得成功的基石,其影响远远超过一门特定的课程、高分、好名次和SAT成绩。良好的职业道德、高效分配时间或资源的能力、分辨力、坚韧不拔的毅力和同理心……这些重要的影响因素同样具有类似标签的作用。

锻造自己的精神铠甲

这些人之所以能获得今天的成就,是因为他们不顾阻碍,在前行过程中不断完善自己。我发现大多数白手起家实现财务自由的人都曾面临重大考验，不铲除这些潜在的具有毁灭性的拦路石，他们不会取得财务自由。这是一场搏斗，是一段艰难的旅程，为他们奠定了成功之基。

不幸的是，大多数普通人接受了"权威"的消极评价，在智力测试、SAT 和其他标准化考试的失败中接受了所谓的命运，甚至在成年之前就放弃努力。对他们而言，糟糕的成绩意味着未来的无能。而白手起家实现财务自由的人拒绝相信那些试图再三贬低自己的"权威"，他们富有洞见，有胆识去挑战老师、教授、批评者的评价。

这些财务自由者拥有强大的精神力量，好像自带防御系统。这是一种后天习得的能力，能够抵挡最刻薄的批评。这种精神力量在他们年少时就开始形成，随着他们不断成长，防御系统也越来越牢靠。

钢铁要经过锤炼，人也是一样。白手起家实现财务自由的人们认为，某些所谓权威的贬低和恶评反而促使他们最终取得了成功。这种打击帮助他们拥有保护自己的力量并坚定了自己取得成功的决心。

调查显示，战胜消极评价的能力可从多种渠道获得。大多数财务自由者拥有慈爱、贴心和理性的父母，大多数父母的婚姻持续了一生。与大众媒体的想象正好相反，财务自由者并非成长于高压的家庭环境里。他们从来没有被父母这样训斥过：

- 看看你的成绩，你以后将一事无成。
- 如果你成绩不好，将来就是一个失败者。
- 这样的 SAT 分数，你只能上社区大学。

这些成功人士的父母对孩子的态度非常积极，他们的支持和建设性意见为孩子们锻造精神铠甲打好了基础，这样的父母不会为孩子设置心理障碍，不会辱骂孩子，也不会通过消极的暗示来施加压力要求孩子优秀、优秀、再优秀。

如今白手起家实现财务自由的人在很多年前拿着糟糕的成绩单回家时，他们的父母通常会说：

- 你可以做得更好。
- 制订一个学习计划，能帮你回到正确的轨道。
- 我会和你一起解决这些问题。
- 我知道有个好老师可以帮你掌握这些题目。
- 这个题目我也不擅长，但我相信你可以攻克它。
- 一个数学天才耗费了一生的时间才发明微积分，如果你一晚上没弄懂，也不必气馁。

即使你的同学布雷恩成绩全得了A，将要代表毕业生致辞，那也没什么了不起。他夜以继日地学习，没有朋友，没有课外活动。我会雇用你——托德，而不是布雷恩。因为你是一个优秀的B等生，是班级领袖、校队运动员，多才多艺，这就是你会成功的原因。我敢打赌，有一天布雷恩会给你这样的人打工！不要让班级排名决定你的未来。如果你的老师和辅导员真的那么擅长预言，他们早就是华尔街的富翁、股票专家或拉斯维加斯的大庄家了。

听了这番话，这位叫托德的学生或许能学会如何正确对待批评，保护自己不受伤害。未来谁更有可能取得成功？我的研究表明，正是那些拥有强大精神力量、锻造出自己的精神铠甲的人。

在商界，一个人连续多年夜以继日地工作，仍然可能随时面临破产。你为申请贷款写了一份精彩的商业计划，但仍然可能被拒绝——是的，被众多银行中的众多信贷人员拒绝。就像一位财务自由者形容的那样，信贷人员就像一台精通拒绝的机器！

谁更有可能不受银行信贷人员多次拒绝的影响，并且有胆量持续申请，直到贷款被批准？我猜会是托德这样的人。在采访成千上万名白手起家实现财务自由的人的过程中，我发现他们的贷款申请都曾被拒绝，而且许多人被多次拒绝。但他们并不气馁，只是换下一家贷款机构继续申请。对他们而言，申请贷款只是一个时间问题，再多做一些努力就可以找到更明智的贷款人。

当我问起这些财务自由者在参加高中同学聚会时印象最深刻的事是什么时，他们通常回答：那些曾被认为最聪明的人、高中时期的佼佼者，好像生活得并不太好。

很多财务自由者表示，因为这种落差，他们在同学聚会中感到有些不安。在大多数情况下，在学校被认为"最有可能取得成功"、智力超群的人走入社会后往往不是最成功的。那么，最后哪些人成功了？就是托德那样的人。

别人的评价

上高中时学校经常要求老师和学生投票选出所谓的"最优秀的人"。谁最有天赋？谁的智商最高？通过20多年的研究，我发现其实财务自由者们在学生时期很少被认为"最有可能取得成功""极具天赋"或在某些方面最优秀。

我问他们：

你认为高中老师会怎样评价你？

只有极少数人认为，老师会说他们"最有可能取得成功"（表3-2），或者"极具天赋""智商极高"。大多数人说老师从未这样评价过他们。换句话说，他们从未得到过认可。

看来，老师的评价并不能预测一个人未来能否取得财务上的成功。

这些评价存在两个问题。首先，老师本身并不是高收入人士，他们并不擅长预测未来的经济产出能力，因此财务自由者们并不完

表 3-2 财务自由者心目中老师的评价
（样本数：733）

评价	认为自己可能获得相应评价的人所占百分比（%）
值得信赖	28
最有可能取得成功	20
最认真	17
最勤奋	16
富有逻辑	15
最努力	14
智商极高	12
最有抱负	12
极具天赋	11
GPA 分数最高	10
最受欢迎	9

全相信老师的评价。其次,老师通常按照错误的评判标准评价学生。学习成绩优秀的学生更容易获得青睐,但当前的成绩并不能保证他们在今后的生活中始终优秀。

有趣的是,有一些在校经历能够激励学生,帮助他们最终取得成功,这些经历磨炼了他们的意志(表3-3)。具有经营生活智慧的财务自由者在性格形成时期,就已经清楚地认识到:

> 就成功而言,努力比高智商更重要。

他们相信财务自由源自努力工作,而非天生高智商。即使对手"更聪明",他们也仍然认为自己能在竞争中获胜。

学习成绩不佳并不能毁掉实现目标的希望。以优异的成绩从高中和大学毕业的财务自由者也有成绩不理想的时候,但他们知道失败只是暂时的,并不会让他们失去努力的方向。他们具有坚韧不拔的性格特征。

表3-3 磨炼意志:有激励作用的在校经历(样本数:733)

收获	受到(不受)该项经历影响[1]的财务自由者所占百分比(%)
就成功而言,努力比高智商更重要	76(8)
学习成绩不佳并不能毁掉实现目标的希望	52(23)
学会了为实现目标而奋斗	45(29)
[1] "影响"是指回答者认为该经历对自己产生强烈影响和一般影响。	

学会了为实现目标而奋斗，许多财务自由者都曾被贴上"平庸"或"较差"的标签，但这些消极评价并没有击垮他们，反而像小剂量的病毒一样使他们生出抗体，从而让他们更加顽强，在批评声中茁壮成长。

为什么这么多"平庸"的学生最终实现了财务自由？他们没有出众的天赋，从未被视作"最优秀的人"，没有被法学院录取，没有得到众多公司招聘部门的青睐。甚至有一部分人被认为不是上大学的料，有些人从未上过大学，更有甚者曾经辍学。面对这些经历，这些"平庸"的人通过成功创办和经营企业实现了财务自由，用事实驳斥了给他们贴标签的人。

不过，老师的话从另一个角度来看确实也有一定启发：如果没有高智商，学习成绩也很普通，那么在充满竞争的社会中，就只能通过努力创造财富，保护自己在恶劣的环境里不受伤害。

沃伦先生

如果某人的大学成绩只能用"惨不忍睹"来形容，你会如何评价他？这是一位财务自由者对自己短暂大学生活的总结，他就是沃伦先生，一名D等生。这样的经历给他造成了心理创伤，直到今天他还会说："没有人会雇用我的。"当他找到第一份工作又被解雇后，发现真的没有人愿意再雇用他。于是他自己雇用自己，创办了一家企业。那时他极度害怕失败，但他最终成了一名成功的创业者。

他相信老师对他的评价——智商平平，但也很庆幸自己从未被划入高智商群体，大学课程从未得过A，也没有获得顶尖大学的MBA

学位。他说，如果有天生高智商并且受过名校的良好教育，他可能永远不会如此努力地创造财富、勇敢地承担创业风险。他庆幸自己没有接受"轻松"的工作，否则他永远不会有足够的动力取得成功。

逆境能够激发人类的潜力，有些人把这种潜力叫作个性。沃伦先生个性鲜明，与众不同。最近他以3 000万美元的价格出售了自己创办的地毯公司，开始用自己的钱投资。

沃伦先生非常富有，住着体面的房子，衣着随性而又考究，享受生活。但他仍然很"积极"，或者说他仍雄心勃勃地为积累财富而努力。

沃伦先生仍在尽心尽力地管理和规划投资。他刚过50岁，身体健康，精力充沛，完全退休的生活并不适合他。

他充满创造财富的动力，不过身体健康、精力充沛和对生活的热爱并不是最主要的因素。青少年时期的经历在他心里留下了不可磨灭的印记，而他的成功是不断战胜困境的结果。早年的磨炼与他最初的职业选择有很大关系，这对他实现财务自由产生了深远影响。他说：

> 小时候我家非常贫穷，赚到的钱很快就花光了。在我的整个青春期，家里都面临着巨大的经济压力，而且我是一个糟糕的学生。

贫穷、学习成绩差足以摧毁许多年轻人的意志，但沃伦先生从未被逆境击败。正是这些艰难的经历造就了他的成功。由于家庭经济问题，沃伦先生和父母每天都疲于为工作奔波，影响了学习，导致他在学校的成绩很糟糕。

> 我花了很长时间（超过 4 年）才从高中毕业，大多数时候我都忙忙碌碌……我拼命赚钱，甚至从大学退学去赚钱。

沃伦先生自己赚钱读完了大学前两年，但之后发生了意外，不得不退学——20 岁时他结婚了。

这又是一个人生转折点。沃伦先生变成了一个已经成家的大学辍学生，一个要承担许多责任但几乎没有经济来源的年轻人。尽管如此，他也毫不畏惧。他意识到在酒店当夜间接待员的收入不足以养家，于是开始努力寻找其他赚钱的机会。他本能地找到了一个能让他更好地发挥天赋的工作——销售。沃伦先生就是我经常提到的"非凡的销售专家"，在读高中和大学时，他就已经通过上门拜访的方式销售过许多种产品。当学习成绩让他失去自信时，沃伦先生通过兼职赚钱重拾信心。

此外，沃伦先生结婚当天发生的一件事与他后来能实现财务自由有很大关系。那一天，他找到了通向成功的路。

> 婚礼结束了，走在回家的路上，我感觉自己像一个傻瓜……没有全职工作，只是一个兼职的酒店夜间接待员。经过梅西百货公司崭新的大门时，我鼓起勇气走了进去，申请了一份工作……他们雇用了我，我成了一名销售员。

沃伦先生被分到了家居部门，并在这个领域迅速成长。他的销售业绩好极了，很快就获得了升迁，并加入了管理培训计划。初步的成功激励着他寻求更高的职位。

我决定去纽约。我找到一家求职中介，他们向我提供了所有的相关面试机会，最后我得到了一个销售实习生的工作机会。

在一家大型跨国公司，沃伦先生做了几个月的销售实习生，由于不断受到几个债主的骚扰，不得不离职。当时他处境艰难，也没有钱，但幸运的是他又得到了一家大型企业的面试机会。

这家公司其实只招收大学毕业生，但沃伦先生努力说服面试官，得到了工作。他的职业生涯从此进入了爆发期，只用了短短不到4年时间，他就成为家居行业的顶级销售员之一。

这当然不是侥幸——沃伦先生热爱家居销售，一旦真正在这个行业立足，没有人会追问他的学历背景。他对地毯业务尤其感兴趣，这种热爱促使他进一步深入这个行业。

25岁时，我成了当时纽约地毯行业最优秀的销售员。有时我自己回想起来也觉得不可思议。

那时，沃伦先生年收入达到了数十万美元，一跃成为美国家庭年收入排名前1‰的人！

那是一份很棒的工作……位于纽约的大办公室、无限额的报销……我有上百万美元的公关经费，到处旅游，坐头等舱。我在公园大道五十九街买了一套房子，有理发师、缝纫师上门服务。

为什么会有公司愿意为一个25岁的大学辍学生开出高达数十万美元的年薪,并且提供上百万美元的公关经费?答案很简单,沃伦先生业绩非凡。他负责的都是大客户,为雇主赚了许多钱,理应得到奖励。那时,沃伦先生感觉就像生活在梦中。一个D等生为何如此成功?真是令人难以想象。

沃伦先生在25岁时已经积累了非常丰富的销售经验。他高中时就开始销售各种东西,并且完全靠自己,只有佣金收入。他是一个顽强的销售员,后来他发现,销售价值几百万美元的地毯比挨家上门推销刀叉容易多了。

沃伦先生具备许多"销售专家"共有的基本特征——他风度翩翩、坚韧不拔而且说服力很强。但大多数具备这些特征的人永远达不到沃伦先生那样的业绩和收入水平。其中有一个重要原因,这也是本书始终强调的:财务自由者热爱他们的事业。

在这一点上,沃伦先生和大多数财务自由的人一样。他能在面向大客户的销售工作中最大限度地发挥自己的能力。在这家大公司总部,沃伦先生周围还有许多经理,这些人在学校的成绩都很出色。有时,沃伦先生甚至感觉自己像是一个冒名顶替混进公司的人。

但他热爱这份工作。事实上,对职业的热爱和净资产水平显著相关。如果你热爱自己的职业,未来就更有可能成功。积极的态度能够直接影响工作,其力量不可低估。

一个人怎么会爱上地毯?实际上,激发沃伦先生工作潜力的不只是地毯。

> 我热爱地毯销售,但我更热爱的是自由地走在路上和与人

打交道。这是我能够想象的最自由的职业，我们的商品展览棒极了，销售地毯非常有意思。而且这份工作不只是销售，它还包括客户接待和公关。

在销售、公关和客户接待工作中，沃伦先生都是与大买主打交道的专家。在这个角色中，他兴奋地享受着工作带来的各种福利，花掉了大部分赚来的钱，没有未雨绸缪。

沃伦先生认为自己是不可战胜的，他是行业中的顶级销售经理，公司靠他不断地拉来几百万美元的大订单。他夜以继日地工作，没有时间和精力考虑储蓄和投资。他是一个不合格的消费者，在无用的产品和服务中浪费金钱，毫不节制地定制衣服和奢华的家居产品，享受消费的乐趣。

一天早晨，沃伦先生被叫去 CEO 的办公室。没有任何预警，他突然被告知公司已经被收购。更糟糕的是，新东家并不打算留下沃伦先生继续担任销售经理。片刻之间，他梦幻般的工作消失了。失业召唤出了心中曾被压制住的幽灵——早年极度窘迫的家庭条件带给他的噩梦般的经历，这些感觉都回来了。更可怕的是，沃伦先生想起了自己糟糕的大学成绩——谁还会雇用他？

> 我没有选择，我被解雇了……在哪里能再找到工作？没有大学学历，我肯定找不到工作了。

没多久，沃伦先生又收到一个坏消息：必须归还公司刚配给他的车。他走到停车场，坐进车里，回想过往。

> 我坐在那里，痛哭流涕……一切都糟透了。

此后不久，沃伦先生接到了 CEO 的电话。一位地毯生产商听说了他被解雇的消息后想与他合作，CEO 了解他的能力并建议他成立一家销售代理公司，沃伦先生听取了 CEO 的建议。

转变并不容易，需要做大量艰苦的工作，并且要节约开支生活。这意味着沃伦先生必须放弃纽约的工作和生活。他从国际大都市纽约搬到美国地毯之乡佐治亚州的多尔顿。这确实是一个巨大的改变，但他做到了。

> 我去了多尔顿，那里有一个兄弟为我提供了机会……他带我入了行。从选货、定价及其他各个方面，他都给了我很多帮助。因为他知道我有能力做出成绩。

在沃伦先生看来，要想赚得和过去一样多，除了建立自己的企业，没有其他选择。过去他是公司的高管，有着豪华的工作环境和高收入，他相信美国再没有公司能够为他提供像之前一样的薪酬。

> 我花了 7 年时间才从丢掉工作的打击中恢复过来，看到重新发展的机会。

沃伦先生的谦逊是他受人欢迎的原因之一。他很少提起自己的才能和成就，而是不断反思自己过往的经历和不足。在潜意识里他仍然觉得大学辍学生无法获得成功。

> 我白手起家创立公司,从零开始积累了 3 000 万美元的财富,在地毯行业,这可是件大事。

如今,沃伦先生仍然在努力工作。与过去不同的是,他花了很多时间管理和规划投资,不再认为自己的成功理所当然。因为他永远不会忘记突然变得一无所有的那一刻。

沃伦先生回忆说,重建财务基础的 7 年时间是"极其痛苦、糟糕透顶"的。直到今天,这段经历仍然激励着他,他很怕这样的经历重演。

> 我发誓,如果我将永远失去一切,看不到一丝机会,再次回到那种辛苦乏味的生活中,我宁愿去死。这就是对贫穷的恐惧,我不想再过那种困窘的生活。

沃伦先生是一个特例。他是一个缺乏自信的人,消极思想多于积极思想,但恐惧也激励着他——他害怕回到曾经的困窘状态。

他自信过,他的销售业绩总是能超过竞争对手。这种信心与摆脱贫穷的渴望结合,促使他走上创业之路。在他看来,自己很难找到工作,创业是最后的希望。

他认为没有大公司会认真考虑聘用他,因为他是一个大学辍学生,大公司只会高薪聘用"优秀的人"。沃伦先生从来不认为自己是"优秀的人",如果他是,或许就不会实现财务自由了。

> 我的一个朋友是一家大型地毯公司的负责人,他也愿意聘

用母校的优秀毕业生。这些毕业生高大英俊,看起来永远不会焦虑,到哪里都能得到好工作……我过去常常说,如果我也那么帅,也有大学毕业证,生活会容易很多。

如果时光倒流,沃伦先生可能会在高中和大学时努力学习,得到全A成绩,获得一流大学的MBA学位。然后像其他"优秀的人"一样,被大公司聘为基层主管。他可能会更自信,对人生更加乐观。但是,沃伦先生真的愿意如此吗?答案自然是否定的。

大多数白手起家实现财务自由的人其实别无选择——许多人认识到,给别人打工就好像温水煮青蛙,会在不知不觉中失去斗志。沃伦先生的目标是通过积累财富实现财务自由,净资产是他远离贫穷的保障。过了7年朴素的生活后,他终于成功了。

他表示,如果有学历和信心做个经理,他可能永远都不会有动力创办企业,成为财务自由者。

如果我能依靠学历找到体面的工作,我会接受平庸。我可能永远不会自己创办企业……创业是无奈之举。

按照沃伦先生的说法,"优秀的人"有自己的资本。学历、全A成绩单就是他们的财富,也影响着他们的生存方式。没有出众的简历,沃伦先生只能孤注一掷,创办企业积累财富。如果有其他的选择,他可能永远不会如此努力地工作。

我的调研数据可以证实沃伦先生的论断。像沃伦先生这样的人知道,稳定的工作与他们无关。他们在大学时就知道自己不是智力超群的人,因此,取得成功的唯一方法就是在工作上胜过"优秀的人"。

沃伦先生发现,只要强烈渴望成功,就能获得2次、3次、4次甚至10次机会,成功永远不会拒绝永不言败的人。

父母的私心

许多父母认为,如果没有名牌大学学历,孩子毕业后就很难获得高收入。但事实上,这一假设是不成立的,大多数白手起家的财务自由者在高中和大学时并不是优等生。他们的SAT分数并不算高,老师也从未想到他们日后能如此成功。超过80%的人从未加入过所谓的"天才学生计划"。家长们若想以传统方式给孩子施加压力、督促他们在学校取得好成绩,请务必确认自己清楚这些事实。

一些父母对成功的定义与其他人不一样。他们希望孩子将来不仅收入高,而且拥有良好的社会地位,最好从事医生、律师或科学家之类的职业,而优异的成绩是进入医学院、法学院或攻读博士的敲门砖之一。有趣的是,这些职业只成就了一小部分财务自由者。诚然,金钱不是一切,有些人追求的是高尚的职业目标,但许多希望孩子上医学院的父母真正关注的还是名誉和收入。我确信,收入高并不能确保实现财务自由。即便从事体面的工作也不行,因为许多人有强烈的消费冲动,想要去购买所谓的符合他们身份的产品。

对许多父母来说,能够告诉朋友、亲戚和邻居,自己的孩子考上名牌大学是非常体面的事。他们把子女考上名牌大学归功于自己,感觉自身的社会地位得到了提升。但有一点我能确定,在校成绩并不能解释贫富差距。

父母们经常追忆过往，脑中出现一系列的"如果"：如果我当初考上了一流大学，现在我肯定很成功。

意识到过去不可改变，作为父母便更想让孩子做"正确"的事。在内心深处，这些父母通过孩子的成功获得自我满足，向朋友和同事炫耀，并以此掩饰自己在学历方面的缺陷。他们当中只有很少人知道，强迫孩子反而会让孩子将来碌碌无为。

按照以下标准，如今大多数财务自由者不会被我曾就读的州立大学录取。

> 佐治亚州立大学被录取的新生 SAT 分数都达到了 1 220 分，（高中）GPA3.7。[①]

对于高收入群体来说，收入高峰期通常在 44 ~ 54 岁，而净资产高峰期稍晚，一般在 55 ~ 64 岁。我发现，净资产和收入与 SAT 分数、大学班级排名、GPA 之间并没有显著相关性（表3-4）。通过计算可知，对于 44 ~ 54 岁的人来说，净资产与 SAT 分数之间的相关系数只有 0.05，那么 SAT 分数能在多大程度上解释净资产差异呢？答案是 0.052，相关性不到 1%，与其他要素的影响力相差甚远。

如果不能解释收入或净资产，那么 SAT 分数意味着什么呢？根据研究，SAT 分数与 GPA 有 11% 的相关性。但在现实生活

[①] 参见丽贝卡·麦卡锡《佐治亚州立大学将录取 4 200 名新生》，《亚特兰大宪法报》，1999 年 4 月 6 日 (Rebecca McCarthy, "99 Freshmen: UGA Will Take 4 200 in Class", *The Atlanta Journal-Constitution*, April 6, 1999)。

中，GPA 并不能决定学生日后的收入水平。从总体上看，只有在 45～54 岁年龄段人群中收入和在校排名呈现出了相关性，但其相关系数也仅为 0.17。

表 3-4　SAT 分数、班级排名、GPA*¹ 对比净资产和收入

经济产出指标	年龄：45～54 岁（样本数：252）		年龄：55～64 岁（样本数：205）	
	SAT 分数 *²	显著相关性 *³	SAT 分数	显著相关性
净资产 *⁴	0.05	无	0.02	无
年实现收入 *⁵	0.07	无	0.06	无
	班级排名		班级排名	
净资产	0.01	无	0.04	无
年实现收入	0.17	有	0.01	无
	GPA		GPA	
净资产	0.01	无	0.04	无
年实现收入	0.11	无	0.02	无

*¹ 指大学和研究生 GPA，最高为 4.00：A=4，B=3，C=2，D=1。
*² 指综合分数。
*³ 相关系数在 0～0.2 之间表示有极弱的相关性甚至无相关性。在本表中，小于 0.1 表示无相关性；0.1～0.2 表示有极弱的相关性。12 种相关关系 =2 个经济产出指标（净资产、年实现收入）×3 个学习成绩指标（SAT 分数、班级排名、GPA）×2 个年龄组（45～54 岁、55～64 岁）。其中只有一种相关关系（收入对比班级排名，45～54 岁年龄段）相对明显。
*⁴ 指家庭总资产减去总负债。
*⁵ 指家庭年实现收入。

900 分俱乐部

在研究财务自由阶层的过程中，我组建了一个独一无二的虚拟俱乐部——900 分俱乐部，俱乐部成员是 SAT 成绩在 1 000 分以下的财务自由者。实际上，只有少数财务自由者在这一行列中，但这说明成绩平平甚至糟糕的人也有可能获得财务自由。

如果我们提前告诉那些 SAT 分数不高的学生，他们以后也有机会获得成功会怎么样？是否会激励更多的人继续努力？其实，一个人在十六七岁时学习成绩不好并不能阻碍他在以后的人生中取得成功，但是有太多的成年人不这么认为。

900 分俱乐部最初的一位成员是"废品先生"。他在学校竭尽全力，终于大学毕业。他主攻的学科为"收集废料、废物、渣滓和垃圾"，后来他又选修了一门"再生资源利用"课程。像 900 分俱乐部的其他成员一样，"废品先生"在垃圾和再生资源回收企业做过兼职和暑期工，并且深受这些经历的影响。后来，他成立了一家资产达数百万美元的企业。由此看来，年轻人利用假期发展自身兴趣的时间越早，日后越有可能获得成功。

900 分与 1 400 分

如果你的孩子参加了 3 次 SAT 考试，成绩都达不到全国平均分，你或许会认为他不可能被一流大学录取。但如果他有良好的学习习惯和坚定的决心，就有机会进入其他不错的大学。

考上好大学并顺利完成学业确实是帮助一个人获得成功的重要

因素。但我们应该多关心孩子完成学业的过程，而不是一味盯着成绩。除非连你自己也认为成绩不佳对孩子是一种打击，否则它们就不会影响孩子。很大程度上，激励孩子的关键是让他们相信自己有成功的潜力。如果他们的分数很低，并且深信SAT成绩代表了未来，就会丧失斗志，从此失去希望。但并不是每个人都这么认为。900分俱乐部成员与SAT分数达到1 400分的人有什么不同？为了解答这个问题，我对配合研究的财务自由者进行了二次抽样并分析了这两个样本群体，发现两组人形成了鲜明对比。

表3-5 成功要素
（认为该要素对成功非常重要的人所占百分比）

成功要素	按SAT分数划分	
	成绩低于1 000分（%）	成绩达到或高于1 400分（%）
高智商	3	50
诚信	65	50
选择支持自己的配偶	57	46
热爱自己的事业	51	39
懂得与人相处	63	49
发现独特的机遇	42	29
有专业素养	26	17
组织能力强	42	30
无视贬低者的批评	34	25
有一位好导师	31	26
自律	61	56
抓住有利可图的商机	38	27

表 3-6 关于高中老师的评价
（认为老师会如此评价自己的人所占百分比）

高中老师的评价	按 SAT 分数划分	
	成绩低于 1 000 分（%）	成绩达到或高于 1 400 分（%）
智商极高	0	42
极具天赋	0	41
最有可能取得成功	3	32
GPA 分数最高	2	28
富有逻辑	8	31
值得信赖	28	30
最受欢迎	27	23
最认真	13	19
最努力	12	20
最勤奋	16	18

在 900 分俱乐部中，只有 3% 的财务自由者表示拥有高智商和天赋的才能是推动他们获得成功的要素（表 3-5）。此外，由于智力测试结果与 SAT 成绩是相关的，没有一个 900 分俱乐部成员认为高中老师会认为他们"智商极高"或"极具天赋"（表 3-6）。

与 900 分俱乐部成员形成鲜明对比的是，在 SAT 分数达到 1 400 分的小组中，50% 的人认为拥有高智商是他们获得财务自由的重要因素。对于高中老师的可能评价，他们与 900 分俱乐部成员也有很大区别，有 42% 的人表示老师非常可能会说他们"智商极高"、41% 的人表示老师非常可能认为他们"极具天赋"、32% 的人表示老师非常可能认为他们"最可能取得成功"。

900分俱乐部成员中的大多数人在性格形成时期就意识到，或许自己的分析性智力并不出众，但他们仍然希望实现财务自由。在学校生活中，即使被打上"平庸"的标签，仍有72%的人学会了为了目标而奋斗（表3-7）。93%的人发现，要想取得成功，努力比高智商更重要。

让我们再看一下表3-5。那些SAT分数达到1 400分的人认为高智商比其他要素更重要，但900分俱乐部成员认为其他11项成功要素更重要。

那么，具体是哪些人认为高智商是关键的成功要素？在1 400分小组中，律师和医生是典型代表，另外还有在一流大学取得

表3-7 推动一个人获得高经济产出能力的在校经历
（受到相应经历影响 *1 的人所占百分比）

在校经历	按SAT分数划分	
	成绩低于1 000分（%）	成绩达到或高于1 400分（%）
学会了为实现目标而奋斗	72	21
就成功而言，努力比高智商更重要	93	60
学习成绩不佳并不能毁掉实现目标的希望	66	34
具备非凡的创造力	62	51
上学期间兼职	58	47
获得老师的鼓励	64	60
*1 "影响"是指回答者认为该经历对自己产生了强烈影响和一般影响。		

MBA、DBA（工商管理学博士）学位的公司高管，以及科学和技术领域的企业主。总体而言，那些认为高智商等于成功的人认为分析性智力可以通过智力测试衡量出来，并且与SAT考试、研究生入学考试以及其他此类考试成绩相关。

诚信

近2/3的900分俱乐部成员相信"诚信"是非常重要的成功要素，这个比例比1 400分小组高得多。这并不是说智商高的人没有诚信——几乎所有成功人士都将诚信放在非常重要的位置，但900分俱乐部成员中的大部分人是企业主，每天忙于各种销售活动，他们必须与诚信相伴。

而许多拥有出色分析性智力的人更多是在专业领域活动，致力于科学研究、为客户的诉讼制订辩护策略或者为癌症患者确定延长生命的治疗方案，因此智商与分析性智力更重要。

有金钱交易的地方，诚信就是关键所在。如果一个人缺乏诚信，从长远来看他不可能实现财务自由。对诚信的论述有很多，但我尤其喜欢罗伯特·卢茨的观点。

卢茨相信，如果一个人想成为管理人员，诚信是必不可少的。曾有人向他行贿1 000万美元，他不仅拒绝了，而且要求公司不再与行贿者做生意。拥有常识和长远眼光的人做每一件事时，都把诚信置于特别重要的位置。

选择支持自己的配偶

许多900分俱乐部成员将成功归功于有一个支持自己的配偶，但能找到这样的配偶并不是巧合。在结婚前，他们就意识到自己需要找到这样的人——两个志趣相投的人齐头并进总好过孤军奋战。如果一个人意识到自己的分析性智力存在不足，但又想开创成功的职业生涯或者经营一家业绩优良的企业，或许就需要找一个自律、节俭、温和、可靠的配偶。大约有40%的900分俱乐部成员表示，他们更容易被有高经济产出能力的异性吸引。如果抛开爱情和外表吸引力不谈，大多数企业主宁愿与一个懂得管理企业的人结婚。

如此看来，这是否意味着一旦找到这样的配偶，他们的婚姻就会更长久美满呢？尽管没有找到支持这一猜测的统计学依据，但在财务自由群体中，大部分人都拥有稳定、长久的婚姻。一对夫妇就像一个团队，当配偶成为知己、能提供精神支持时，通常会有1+1＞2的效果。

除此之外，900分俱乐部成员还倾向于咨询顾问、导师，并将重要的人（包括配偶）作为顾问。为了提高成功的概率，他们多数时候会集思广益，而那些智力超群的人情况正好相反。事实上，一个人智商越高，越倾向于自己独立做判断。

在某些方面，专业顾问可能比你更优秀，如果你认识到聘请顾问的重要性，就会了解人才的价值。如果你不能与人（尤其是那些能够给你建议的人）充分沟通，就会出现问题。你可能"太聪明"了，因而不愿承认自己需要帮助，或者对于自己太过自信，以至于认为自己不需要更优秀的人的建议。

成功有其他路径

一个人非常渴望实现财务自由，但考试成绩平平，如果有人告诉他，他具备成功所需的能力，老师也鼓励他："你有特殊的才能，只是目前我们还不具备评估这种才能的方式。"你认为这个人最后会成功吗？

莎伦就是这样的幸运儿。在中学的考试中，莎伦的成绩只能算中等，但开明的老师告诉莎伦，她有一种特殊的创造力。后来，她成了美国最顶尖的平面设计师之一，曾两度获得年度最佳设计师大奖。她的父母也早已不在意女儿没有入读医学院这回事。

有些老师会积极帮助那些成绩不佳的学生。64%的900分俱乐部成员认为，"获得老师的鼓励"影响了他们在日后成为高经济产出的成年人。老师、辅导员或体育教练都可能会以积极的方式影响一位年轻人，在这一点上，体育教练通常发挥了重要作用。63%的900分俱乐部成员都曾参加过竞技体育比赛，他们之所以能够正视贬低者的批评，即使不被看好也能胜出，或许就与这种经历有关。

58%的900分俱乐部成员认为上学期间做兼职是积极锻炼自我的一种方式。翻开美国成功人士的传记或简历，就会发现几乎所有人都有兼职经历。最重要的是，这些经历让他们认识到，他们不喜欢哪些职业。

如果一个人一直待在一个地方或从事一种工作，就很难发现机遇——大多数白手起家实现财务自由的人通过各种兼职和临时性工作，积攒了丰富的经验。

所谓"天才"

约翰·帕克斯实现了财务自由,但35年前刚从大学毕业的时候,他从未想过自己能如此成功。纵观大学生涯,帕克斯先生一直是一个C等生。他的专业是工程学,毕业后进入了一家大型工程咨询公司。

因为具有优秀的领导能力,帕克斯先生很快崭露头角。没用多长时间,他就成为一个主要部门的经理。经过几年历练,他辞职创办了自己的材料测试公司。

后来,帕克斯先生创办的企业被一家《财富》50强的公司收购。他变得"稍微清闲了一些,但仍然积极参与公司事务,并提供咨询"。纵观他的职业生涯,帕克斯先生雇用过数百名具有不同背景的人,一些人是科学家或工程师,还有一些人是会计师和管理人员。

帕克斯先生具有聘用、管理员工和创造财富的经验,是理想的研究对象。一个C等生是怎样成为财务自由者的?为什么许多A等生在为帕克斯先生打工?在他看来,在校成绩和财务自由之间甚至呈负相关关系。

我是一名普通的学生,上了工程学院,因为母亲觉得我应该学这个专业。她觉得我们家需要培养一个专业人士,尽管我真的认为自己不适合这个专业。但我的原则是永远不会让别人在工作上胜过我,所以我比其他人更努力。我只有竭尽全力积累财富,才能无所畏惧,并且感到满足。我不得不去拼搏,努力奋斗。后来我开始负责管理工作,也聘用过一些天才,但他们没能像我一样成长为管理者。

我认为根据智力测试来评判他们的智商是不准确的。他们的问题在于没有很快融入工作环境，不知道怎样沟通，不懂得如何把这些与努力工作联系起来，尽管他们在自己狭窄的专业领域确实很强。

许多天才擅长学术研究，但这些能力并不完全适用于管理或运营企业……他们在大多数领域缺乏实践经验。

帕克斯先生的话表明，如果一个人渴望成功，但智商平平，甚至低于平均水平，就要非常努力地工作，此外还必须学会与人相处，与他人的需要产生共鸣，这样才有可能成为一个领导者。但讽刺的是，许多天才从未想过发展这些方面的能力。

大多数财务自由者从不与高智商的天才面对面竞争，以己之短搏人之长是一种愚蠢且无益的行为。所以，他们选择聘用高智商的天才，然后让天才与天才竞争，自己则负责管理全局。

第4章 勇气与财富

> 永远不要向恐惧妥协。
>
> ——托马斯·杰克逊

　　为什么白手起家实现财务自由的人总是勇于承担财务风险？很简单，要想克服种种困难获得高收入，就得在必要时刻勇敢行动，战胜恐惧。那么，他们是如何获得这种勇气的？是不是像大多数人认为的那样，勇气是遗传的呢？事实上，几乎所有财务自由者都认为，勇气是在工作中有意识地培养起来的，这一章我们将分析财务自由者为何能勇敢面对风险以及在积累财富的过程中如何攻克各种难关。

敢于冒险

　　在实现财务自由的过程中，勇气扮演了怎样的角色？几乎所有白手起家实现财务自由的人都很有胆识，因为积累财富要求他们敢于承担各种风险。这些财务自由者通常拥有并管理着自己的企业，创业需要勇气，投资自己的企业也需要勇气。创业与投资常常与高风险联系在一起，这使人们感到恐惧。

除了投资自己的企业，这些人还持有上市公司的股票。投资股票有一定的风险，投资者必须具备一定的勇气才敢于进行无法确保收益的投资。在股市的每一次波动中，也要有足够的勇气才不会陷入恐慌。胆小的人总是最后一个进入牛市，却又最先离开。

身为公司高管的财务自由者同样必须具备勇气，否则永远不会晋升。引进的新生产线可能不会赚钱也可能会创造新的销售纪录，无论怎样，为了成功，他们必须承担风险。

企业主、专家、公司高管、销售专家或代理商，这些职业的收入水平通常比较高，但不太稳定。许多人不愿意承担与高收入相伴的风险，为了让生活更有保障，往往会选择薪水稳定的工作。

财务自由者之所以愿意承担风险，是因为他们意识到，这是实现财务自由的必然要求。他们相信，实现财务自由的好处绝对值得为此冒险。许多人放弃创业、投资股市或从事需要考核绩效的工作，因为他们难以克服对失败的恐惧，这就是创业者总是少数的原因。这些人受到太多"如果"的困扰：如果创业失败怎么办？生意和资金都赔了怎么办？无法养家糊口怎么办？朋友、亲戚和邻居知道我失败了怎么办？

失败的风险一直存在，但财务自由者们知道应该如何应对，并且能够控制自己的恐惧。有些人认为，给别人打工安全又有保障，但一些白手起家实现财务自由的人却说：

其实，为别人打工要承担更大的风险，因为你只有薪酬这一项收入来源，也没有太多的机会学习做决策……如果你要创业，就必须具备强大的决策能力。

为别人工作永远不能建立自己的客户网络，即便你做的事足以让你实现财务自由，但最大的获利者仍是你的老板而不是你。

如果你想在一代人的时间内实现财务自由，就必须培养勇气、克服恐惧，在整个职业生涯中都要有意识地锻炼这种能力。很多道理说起来很容易，但要普通人自发培养勇气却很难。

现在获得财务自由的人如此之少，原因就在于很多人为自己设想了太多障碍。实际上，实现财务自由是一种心智游戏，不要给自己设置太多障碍。要经常告诉自己实现财务自由的好处，不断对自己说不承担风险就难以成功。你必须学会像实现财务自由的人那样思考，不断激励自己。要做出有关职业、企业、投资等重要决策时总会引起恐惧情绪，但恐惧是通往财务自由的必经之路，对创业者或风险投资人来说尤其如此。

一个人如何才能学会控制恐惧并培养勇气，当危机不期而至时免于陷入恐慌？财务自由者说，他们会通过具体的行动和各种技巧来增强勇气。这类方法很多，我选出了在重点研究小组和特别访谈中出现次数最多的24种，如表4-1所示。这些行动和思维方式大多可以归入表4-2的分组中。

表 4-1 减少恐惧的方法

（样本数：733）

方法	应用这些方法的人所占百分比（%）	排名
努力工作	94	1[*1]
相信自己	94	1[*1]
充分准备	93	3
抓住问题关键点	91	4
果断决策	89	5
提前做计划	87	6
精心组织	83	7
行动力强	80	8
思想积极	72	9
比对手更努力	71	10
展望成功	68	11
永远不受恐惧支配	66	12
关怀配偶	65	13[*1]
主动出击	65	13[*1]
感恩	64	15
有规律地锻炼	60	16
向杰出人士寻求建议	59	17
咨询经验丰富的顾问（注册会计师和律师）	56	18
不纠结于过去的错误	55	19
通过运动磨炼意志	50	20[*1]
与可信赖的朋友保持联系	50	20[*1]
阅读勇者的故事	40	22
有坚定的信仰	37	23
做祷告	32	24
[*1] 排名与其他方法并列。		

121

表 4-2　减少恐惧的方法（分类）

●努力	●心智控制
努力工作	不纠结于过去的错误
●计划	永远不受恐惧支配
提前做计划	相信自己
精心组织	●借助他人的力量
充分准备	向杰出人士寻求建议
抓住问题关键点	咨询经验丰富的顾问（注册会计师和律师）
●决策	与可信赖的朋友保持联系
果断决策	关怀配偶
行动力强	●运动
比对手更努力	有规律地锻炼
●思想的力量	通过运动磨炼意志
展望成功	●信仰因素
主动出击	做祷告
思想积极	有坚定的信仰
阅读勇者的故事	感恩

本杰明与特拉克

本杰明先生的儿女先后上了私立小学、私立中学、一流私立大学的医学院和研究生院。他为孩子支付了全部学费和上学期间的食宿、教材等各项费用。你可能有些疑惑，他是做什么工作的呢？是医生还是大型上市公司的 CEO？

退休前，本杰明先生是一位校车司机，他生活非常节俭，但只靠节俭不足以支付6位数的学杂费。在孩子还很小的时候，本杰明先生发现他们非常聪明，希望他们都能接受优质教育。本杰明先生的收入不高，一直为孩子们的教育经费担心。因此，他开始了一项关于投资的自学计划。

校车司机这份工作有一个好处，就是每天都有几个小时的空闲时间。本杰明先生的同事们通常用这些时间打盹儿、看报纸杂志、喝咖啡或者聊天，他则更明智地利用这段时间学习各类投资知识。通过自学，他了解了通过购买公司债券、短期国债、地方政府债券、股票、贵金属和不动产获得长期收益的基本原理。

本杰明先生推断，在国家对通货膨胀和税收进行政策调整后，只有股票能带来真正的投资收益。经历过1929年股市崩溃的母亲总是劝他远离股票，但他认真分析了1929年的大萧条后认为，尽管当时股市崩溃，但从长远来看，股票仍然胜过其他投资方式。

最终，本杰明先生成了一个谨慎的股市投资者。他和妻子把所有积蓄都投入了股市。他们并不是随便买几只股票，而是花大量时间进行深入研究。多年后，本杰明先生在股市投资方面成了"专家"。

本杰明先生的投资自学计划非常成功，退休时，这位校车司机的净资产已经超过了300万美元，远高于一般家庭，而且这是他供孩子读了美国最好、最贵的学校后剩下的金额。

本杰明先生拥有学习和果断行动的勇气，所以实现了财务自由。投资股市需要勇气，它没有收益保障，时涨时跌。通常人们买入得迟、卖出得早，频频蒙受损失，但本杰明作为长线投资者，用知识克服了内心的恐惧。一旦买入一只股票，很少在10年内卖掉。

不管股市涨跌,他都能坚持自己的选择。尽管有时也会担忧,但是他学会了用积极的想法应对恐惧。

投资上市公司的股票和自己创业都需要勇气,在股市惨淡、人心惶惶时,能够坚持自己的选择更需要勇气。如果不是这样,本杰明先生的孩子或许就成不了医生。

与勇敢的本杰明先生形成鲜明对比的是特拉克先生。在股市动荡调整时期,他正为联合包裹运送服务公司(UPS)工作。他负责的线路是一个大城市的金融中心区。

我:特拉克先生,股市突然下跌对你有什么影响吗?

特拉克先生:没有。

我:你担心股市未来还会下跌吗?

特拉克先生:不担心,因为我没有买任何股票,否则我可能晚上就再也睡不着了。

我:你的意思是,你甚至连UPS公司的股票都没买?

特拉克先生:没有,我可不想提心吊胆。

我被特拉克先生的回答惊呆了。当时,UPS公司是美国赢利能力最强的私营企业之一,他作为员工,完全可以购买公司的股票。在过去20年里,UPS公司的股价上涨速度远超道琼斯指数。

是不是对股票的恐惧影响了特拉克先生的思维?事实上,只有找到实现财务自由的方法,才能高枕无忧。他在欺骗自己,认为不必承担投资风险也能获得财务自由。

如果特拉克先生能像本杰明先生那样,就有可能战胜承担投资风险的恐惧。而本杰明先生之所以有如此勇气，正是自我训练、努力用知识掌控自身命运的结果。

少有人走的路

《韦氏词典》对勇气的定义是："敢于冒险，坚持并能承受风险、恐惧或克服困难的精神力量。"对大多数人来说，哪怕只是想象一下成为企业主要面对的种种问题，也会引起极大恐惧，因为他们认为这种状态会带来很大的财务风险。

在美国，只有很小一部分人是财务自由者，其中一个重要的现实原因是仅有18%的家庭由身为个体经营的企业主或专业人士的成员主导着。美国鼓励自由创业，但为什么企业主却如此之少？我问过数百名智力超群、教育良好、工作努力的中层管理人员：你为什么不考虑自主创业？

大多数受访者承认他们问过自己同样的问题，但为什么他们仍然是拿工资的雇员？因为他们认为勇气与恐惧是矛盾的，有勇气就代表没有任何恐惧。面对与创业相伴的巨大财务风险时，有勇气的人必须完全无所畏惧，他们觉得自己缺乏这样的勇气。但他们错了，我从未见过任何一个成功的企业主完全无所畏惧。成功的企业主认为：勇气是用积极的、合乎道德要求的行动应对恐惧。

所以，"创业精神"的真正含义是：尽管心怀恐惧，仍有勇气孤身战斗。成功的创业者会积极应对并战胜他们的恐惧。

此外，还有一种关于勇气的错误认识，即认为勇气像财富一样可以继承。通过研究我发现，勇气是在一个人的职业生涯早期培养出来的。但事实上，还有许多受访者告诉我，他们在40岁甚至50岁时，仍能够培养并提升自身的勇气。

我曾经花大量时间研究有勇气的人，这些研究成果在我做就业咨询顾问时发挥了重要作用。当有人郑重考虑创业时，我就会与他们分享一些案例。其中一个案例尤其典型，主人公是第二次世界大战中的战斗机飞行员埃里克·哈特曼。他获得过352次空中胜利，保持着世界纪录。

我之所以常常引用哈特曼的例子，并且推荐前来咨询的人阅读他的故事，是因为哈特曼提出了自己对勇气更真实的看法：

> 我也害怕强大的未知因素。云和太阳既可恨又可爱。

是的，即使是王牌飞行员也会害怕，尽管如此，他依然勇敢地行动。恐惧与勇气往往相伴而生，没有恐惧就没有勇气，如果有更多的人意识到这个事实，世界上就会有更多勇敢的企业主，最终也会成就更多实现财务自由的人。

真正的风险

许多MBA学生都认为自己高枕无忧。他们从未考虑过创业，认为那样太冒险了，到大公司就职就很好。为什么要花费这么长时间研究投资呢？公司通常非常照顾中层管理人员。这些学生的思维很简单，就是赚钱、消费，然后让公司关照他们。这是一种理想的、低风险的模式，但只是一种假设，他们忽略了一件事——大多数做到中层的人都有被裁员的经历。

有一年圣诞节前,我和一位就职于大型上市公司的熟人交谈。他十分坦率地承认公司正准备内部调整:"我们明年计划的第一件事就是马上裁减1 400个中层经理。"这1 400个不幸的家庭正准备欢度假期,没有人知道家中赚钱养家的人将要面对什么。

我曾教过的几个学生也在这1 400个不幸的人之中。颇具讽刺意味的是,他们曾是当时班级中最出色的学生。其他一些勉强拿到学位的学生因为没能去成顶级公司工作而选择了创业。创业者认为自己承担了很大风险,可事实是那几个被裁员的学生更不幸——失业切断了单一的收入来源并且打乱了他们的职业轨迹。

或许,那些勉强拿到学位去创业的学生才具备实现财务自由的智慧,他们勇敢地面对恐惧,承担风险,坚定了创业的决心。相反,那些优秀的学生因为自身的软弱,把职业生涯的支配权交给了雇主。这1 400位聪明过人、受过良好教育而且工作努力的管理人员为什么一夜之间失去了唯一的收入来源?只因为公司少数高管做出了裁员的决定。

好运气

白手起家实现财务自由的人会非常肯定地告诉你,积累财富的秘诀在于勇于承担财务风险、努力工作、自律和保持专注。不过,还有大约1/8的财务自由者相信好运是获得成功的重要因素。从我的研究结果来看,收入与运气之间的关系似乎非常有趣。

大约只有9%的高收入人士（并非财务自由者）和9%的净资产达到100万~200万美元的财务自由者相信运气会影响成功。在净资产超过1 000万美元的群体中，有高达22%的人相信运气是影响成功的非常重要的因素，另外78%的人认为运气虽然重要，但并不是非常重要。如果运气是获得财富的关键，或许我们都应该去赌博。但这些人所说的运气，并不是赌徒和"彩票迷"所谓的运气。他们认为：越努力，越幸运。

一位净资产超过2 500万美元的受访者在调查问卷上写下了这句话。对于他和他的富豪伙伴来说，运气与天气、竞争、信贷紧缩、消费者收入变化和经济衰退等不可控因素都有关系。

大多数律师、医生等专业人士认为运气对成功没什么影响。这些专业人士从小学习勤奋，成绩优秀，毕业后靠努力工作和明智的投资积累财富，这几乎已形成定式。而创业者在最开始创业的时候，完全无法预测以后能否成功。在发展之路上，总有意想不到的事情发生。但这些意外并不全是坏事，运气和风险总是相伴而生。

可以冒险，但不要赌博

我们请了1 001位高收入人士回答一个简单的问题：假如收益合适，你认为勇于承担财务风险对于取得财务自由有多重要？

根据表4-3，超过41%的千万美元资产群体给出的答案是"非常重要"，在净资产达100万~200万美元的人中，大约有21%的人这样认为，而在净资产未达百万的高收入人群中，只有18%的人将成功归因于勇于承担财务风险。很明显，一个人的净资产越多，承担财务风险的能力越重要。

承担财务风险的意愿与净资产水平明显相关，但勇于承担财务风险的人不会将资源浪费在碰运气的事上。大多数富人从不赌博——勇于承担风险的人不等于赌徒。

表 4-3　承担财务风险对比买彩票
（样本数：1001）

	不同净资产水平的人所占百分比（%）					
	100万美元以下	100万~200万美元	200万~500万美元	500万~1000万美元	1000万美元及以上
认为勇于承担财务风险对成功非常重要	18	21	28	39	41
过去1个月内买过彩票	38	36	27	21	14
过去12个月内买过彩票	47	48	35	27	20

我研究过的财务自由者都非常清楚彩票的中奖概率和预期收益，很多人认为，彩票的预期收益如此之小，就像每周把钱扔进火堆烧了。他们知道，在大多数博彩活动中，玩家既不能操控中奖号码，也不能掌控中奖概率和预期收益。买彩票的预期收益远低于彩票价格，并且除了购买更多的彩票外没有其他办法提高中奖概率。

那些并不富裕的人告诉我，他们一周只花不到10美元买彩票，期待好运降临。1张售价1美元的彩票，预期收益是100万美元，如果卖出几百万张，中奖率就是几百万分之一。如果你的彩票要战胜其他 450 万张，获胜的概率仅为 1/4 500 000。即使你幸运地中奖了，还要面临两种选择：一种是每年支取 10 万美元，100 万美元分 10 年支取完，这 100 万会随着通货膨胀而缩水；另一种选择是一次性支取，但到手的金额会远低于 100 万美元。从风险和收益两个方面来看，大多数博彩活动都贵得离谱。

如表 4-3 所示，玩彩票的频率和一个人的财富水平呈显著负相关关系。在过去的 1 个月中，净资产超过千万的群体中玩彩票的人最少，而在资产未达百万的群体中玩彩票的人比例最高，两个群体的比例为 1∶3。

或许会有人反驳："买彩票又花不了多少钱。"但这不只是钱的问题，还有浪费的时间。假设买一次彩票需要 10 分钟，其中包括排队和走路，若是每周买一次，就相当于一年浪费了 520 分钟去做一件回报几近为零的事。

520 分钟约等于 8.7 小时。有的人 1 小时就能赚 300 美元，所以就不难理解他们为什么不愿意买彩票了。这 8.7 小时可以做更多有意义的事情，比如工作、学习新技能或者与家人、朋友在一起。按照工作收益衡量，财务自由者每年买彩票的成本大致为 300 美元 ×8.7 = 2 600 美元，20 年共计 52 000 美元。用这些钱投资一只蓝筹股，会获得数百万美元的收益。

浪费在玩彩票上的时间和金钱可以用来做更有意义的事情，但太多的人沉迷于这种低回报的游戏无法自拔。长期玩彩票的人不可能成为出色的家长或优秀的经理人。

获得正确的建议

财务自由者的共同点之一是擅长选择优秀的投资顾问，这对积累财富很有帮助。在找到好顾问和财富积累之间有非常显著的正相关关系，因为好顾问可以帮助你降低财务、职业发展乃至个人决策等多方面的风险。

我的一篇文章在《医疗经济》上发表两天后，哈特医生打来电话：

哈特医生：我想知道自己需要攒多少钱才可以退休。我今年63岁，去年的收入是20万美元。

我：根据文章中的计算公式，用年龄的1/10乘以年收入，等于你的预期净资产，大约是126万美元。如果你想成为全美国最富有的25%，资产至少要达到这个数字的两倍，大约是252万美元。

哈特医生：可是我现在没有这么多资产，那什么时候可以退休？

我：这真的取决于你自己。

哈特医生：好吧，我最近出了一点状况，更换了资产管理人。多年来，我一直委托费城的一家知名资产管理公司管理我的养老金。他们很谨慎，基本上只投资优质公司的股票。

我：我了解那家公司，口碑很好，很可靠，始终坚持自己的理念。

哈特医生：这正是我更换资产管理公司的原因之一，因为他们一直业绩平平。

我：那现在你的养老金怎么样了？

哈特医生：我遇到了问题，失去了一切——我的意思是所有的资产，超过 150 万美元。

我：怎么会这样？

哈特医生：大约两年前，我受邀参加一个讲座。当时的发言人正在进行全国巡回演讲，据说是一位知名资产管理人。他有各种业绩数据和报表，所管理的资产收益比我当时的状况好 10 倍。

我：他的主要投资方向是什么？

哈特医生：对私营合伙企业中的一些不动产以及能源和高科技公司进行投资。

我：你的注册会计师和律师对此有什么看法？

哈特医生：我没有问过他们的意见。

我：150 万美元在讲座之后是怎么赔光的？

哈特医生：我相信了那位发言人，因为他的数据和报表打动了我，我对前管理公司的表现很失望，于是更换成了这位知名资产管理人，但新的管理人赔光了我所有的钱！

我应该对这个不幸的人说什么？他的问题是什么时候可以退休，答案可能是永远不能。

哈特医生：你知道谁能帮我吗？

我：我没有优秀投资顾问的名单，但我可以给你一些关于如何选择投资顾问的建议。你有会计师和律师吗？

哈特医生：有，但他们懂投资吗？

我：我建议你无论何时想更换资产管理人，都要先向他们咨询。如果他们认为自己无法做出判断，就请他们帮你咨询行业内的其他专家。

我建议他找一位专业投资顾问，多咨询一些见多识广的会计师和一流律师。如今，股票经纪人、资产管理人、理财规划师群体不断壮大，但优秀的注册会计师和律师有能力判断他们的优劣，并且非常清楚自己的客户适合什么样的投资，然后告诉客户找谁做投资顾问最合适。

优秀的顾问团队

如果几年前哈特医生有一个完善的投资顾问团队陪同他参加那位所谓的"知名资产管理人"的讲座，或许现在他已经可以安心退休了。如果他一直坚持委托那家"老套保守"的资产管理公司管理财富，经过这几年时间，他的养老金也能超过300万美元。

哈特医生本可以无视所谓专家的忠悫。如果你遇到相同的情况，可以直接打电话给"专家"，问问他的公司邀请了多少律师。在这个案例中，答案很可能为零，因为从事欺诈性投资及相关服务的公司的营销人员非常害怕法律专家。一位财务自由者告诉过我："他们不敢欺骗律师，因为律师可以随时起诉他们。"问问"专家"可不可以带上自己的律师去听演讲，对方的反应往往会暴露其真实意图。诚实并且想法新颖的资产管理人会真诚地鼓励律师来听他的演讲，因为律师通常是为富人服务的非正式投资顾问团队的成员。

大多数财务自由者的投资顾问团队至少有3位投资顾问。通常，注册会计师和可信赖的律师必不可少。这是一个相互制衡的内部系统，委托人与见多识广的注册会计师和律师联合起来，更容易找到能够提供优质服务的资产管理人。几个有影响力的顾问团队成员共同出谋划策，会更容易发现问题的关键点。同时，顾问团队中见多识广的专家通常还有其他客户，这些人的一些投资思路或许也能给人以启发。

从长远来看，身边如果有值得信赖的注册会计师和律师，对积累财富会大有益处。自己独立做财务决策（像哈特医生那样）在白手起家实现财务自由的人中很少见。

自己做决策的风险

为什么哈特医生会在投资一生的积蓄时仅凭一己之力草率做出决策？哈特医生曾任教于医学院，直到今天，他仍然是一名分析性智力很强的学者。有关这类人群的研究数据表明，当在做与投资相关的决策时，只有少数人聘用了注册会计师和律师等经验丰富的顾问。正如前文所述，我们通常将SAT分数作为一种衡量分析性智力的标准，SAT成绩达到1 400分的财务自由者中，大约有40%的人聘用了顾问；而成绩在1 000分～1 200分的财务自由者中，60%以上的人会定期咨询经验丰富的顾问。

一个人拥有超强的分析性智力并不代表他也具备丰富的实践经验，实践经验与是否具备准确识人的能力有关。就此而言，我怀疑哈特医生的实践经验并不丰富，这样的人不止他一个。上学期间，他们极大地提升了自己的分析性智力，但很可能忽略了其他能力的培养。在高收入群体中，医生相对而言比较欠缺这方面的经验。有些人很聪明但财富有限，这是一个颇有讽刺意味的现象，就像研究小组中的一位受访者所总结的那样："这些人认为金钱是无趣的。"

是的，有些高智商的人就是这样。相对于赚钱，他们认为做手术或求解难题更有挑战性、更刺激。如果可以选择，他们宁愿为诺贝尔奖奋斗终生，而不会去为了金钱精打细算，因为花费时间和精力咨询投资顾问而耽误学术研究不是他们喜欢的生活方式。

分析性智力测试表明，哈特医生几乎是一个天才。他认为自己并不需要顾问，因为自己比任何顾问都聪明得多。所以，为什么要耗费时间和精力与这些人打交道呢？在投资方面，有些人确实自视过高，但大多数智商处于中等或中上等水平的高收入人士明白自己不是天才，并且具备丰富的常识或实践经验，了解自己的优点和缺点，所以在做重大决策前，他们总是先向经验丰富的专业人士寻求建议。

白手起家实现财务自由的人在此提醒：

- 永远不要因为自负而忽视经验丰富的投资顾问（特别是注册会计师和律师）。
- 注重聘用注册会计师和律师做顾问所带来的长远收益，而不是凭一己之力获得的短期收益。
- 请聘用擅长识人的顾问助你一臂之力。

可靠的建议在哪里？

人们咨询我最多的问题之一就是从哪里可以获得可靠的投资建议：谁是最好的投资顾问，是股票经纪人、理财规划师还是保险代理？当人们问出这个问题时，我大概就能猜到对方应该还没有实现财务自由。因为在大多数财务自由者看来，上述人士并不是最好的投资顾问。事实上，一个人的净资产水平与是否聘用注册会计师、律师或税务咨询师做投资顾问直接相关。

我们从美国所有高收入人群中选取典型样本，将他们按照年收入划分成几组，各组间的级差为10万美元，然后提出一个简单的问题：你请了哪些人提供投资建议？

收入水平更高的受访者表示，他们会请注册会计师和律师提供投资建议。大多数财务自由者通常不限制投资方向——他们既投资私人企业也投资不动产、股票、债券。

当人们向我咨询与投资和顾问相关的事情时，我就将上述研究结论转告他们。美国有2/3以上白手起家实现财务自由的人会接受注册会计师和律师的建议。当然，不是所有注册会计师和律师都能提供合理的投资建议，确实需要花些精力才能找到理想的顾问。

享受专业人士提供的基本服务和采纳他们的投资建议区别很大，比如注册会计师可以为你做纳税申报表，股票经纪人可以代理股票交易，律师可以起草遗嘱，这些是最基本的服务，但越来越多业务娴熟的注册会计师和律师能做的远不止这些。他们不仅能够提供定制式投资建议，在其他领域的税收影响方面，这些专业人士的建议也非常有价值。

大多数财务自由者能够有今天的经济地位，有一部分原因是投资了许多非传统投资项目，这些项目都存在特定风险，因此往往需要聪明且经验丰富的注册会计师和律师帮忙整理、分析这些问题。

甚至在某些传统投资领域，许多财务自由者也会向注册会计师和律师寻求建议。我组织了一项以185位财务自由者为样本的区域性调查，请他们回答了以下4个问题：

1. 最近12个月中，谁为你提供过投资建议？
2. 在帮助你达成投资目标方面，这些建议的效果如何？
3. 最近12个月中，还有谁做过你的投资顾问？
4. 他们的服务质量如何？

在最近12个月中，有71%的财务自由者聘用注册会计师做投资顾问，67%聘用律师（表4-4）。在实现投资目标方面，75%的财务自由者认为注册会计师的投资建议非常有用，78%认为律师的投资建议有相同效果，46%接受了税务专家的建议，这其中的82%表示这些建议非常有效。

有趣的是，只有21%的人接受过股票经纪人的投资建议，其中有62%的人认为建议非常有效，远多于仅仅依赖股票经纪人的财务自由者。因为他们会与会计师、律师一起考量这些建议是否可行，因此效果通常更好。另外，72%的人委托股票经纪人做股票以及相关交易，大多数人比较信赖证券公司发布的研究报告。

一位财务自由者——阿尔文，讲述了他利用股票经纪人和律师的方式，对此许多财务自由者深感赞同。

表 4-4 财务自由者的投资咨询对象

（样本数：185）

投资咨询对象	投资建议 接受过投资建议（%）	投资建议 认为建议非常有效（%）	其他投资服务 接受过其他投资服务（%）	其他投资服务 认为服务质量很高（%）
注册会计师	71	75	85	87
律师	67	78	81	84
税务专家	46	82	48	88
亲密朋友	38	61	23	72
合伙人和同事	35	69	28	75
人寿保险代理	29	32	35	66
房地产经纪人	25	28	35	69
商业信贷经理	22	60	52	70
股票经纪人	21	62	72	64
信托公司	18	55	55	50
亲戚和配偶	16	64	11	60
理财规划师	15	70	15	65
投资和资产管理人	14	56	16	65

> 我不能也不会推荐任何一位股票经纪人,我雇用他们的目的是让他们按我的委托进行交易。他不必给我建议,不必为我推荐,我不需要他们提供任何信息,也不想让他们告诉我何时应该怎样做,只需要提供我想要的服务。如果可以这样,我会很高兴。

阿尔文需要股票经纪人提供的唯一服务是执行交易并向他提交投资分析师和其他专家撰写的研究报告。现在,更多的人选择利用互联网获取投资信息并进行交易。

在对投资组合做出任何调整之前,阿尔文都要阅读大量研究报告,同时询问律师和会计师的意见。他喜欢从本地一流律师事务所雇用优秀的律师,并且发现这是找到真正天才的最快、最有效的方法。他会选择最大、最好且最有影响力的律师事务所,因为他相信好的律师事务所聘用的律师也是一流的,那里有经验丰富的专家,阿尔文信任他们。那么,聘请这些律师的费用是不是非常高?阿尔文说,事实并非如此。

> 我和独立律师、小型律师事务所打了很多年交道。一般情况下,他们会索要高达每小时数百美元的费用,并且提供的信息十分有限。
>
> 然而,大律师事务所在各个领域都有专家,如果我想知道关于离岸交易的事,他们会推荐一个知道所有关于离岸交易知识的人,与这样的专家交谈,我受益匪浅。
>
> 我打电话给一流律师事务所的高级合伙人说:"我想和一个懂离岸交易的人谈谈。"对方说:"我们正好有一个专家。"

于是我过去和那个专家谈了几个小时。

阿尔文花了不到 1 000 美元,就得到了 3 个小时的投资建议。从收益来看,这些律师费花得物有所值。

改变胜算

你考虑过通过冒险而结出果实的概率有多高吗?你是那种如果有合适的收益就会承担风险的人吗?也许你缺乏勇气是因为你认为成功的概率太低,而很多有冒险精神的财务自由者则会通过采取实际措施来提高成功的概率。

大多数企业主都将财富归功于拥有并投资自己的企业。他们认为自己能控制自己的企业,但无法决定别人的公司的经营策略和股票价格。成功的风险承担者能够发现市场的空白,做其他人不做的事,至少他们会选择竞争者较少的市场。

比较风险承担者和把成功归功于其他因素的人是一件有趣的事。如表4-5所示,在解释财务自由的原因时,风险承担者对特定成功要素更为认同。对大多数风险承担者而言,投资别人的企业很容易带来损失。他们的理念是,最好为自己工作,否则就会受他人支配,而他人根本不关心你的需求和财务目标。

在所有高收入群体中,企业主将成功归因于勇于承担财务风险的可能性最高,公司高管排在第二位,其次是医生,最后是律师。大部分愿意承担风险的人都是创业者。

表4-5 成功要素：风险承担者对比非风险承担者
（样本数：1 001）

成功要素	风险承担者（%）	非风险承担者（%）
投资自己的企业	52	7
做明智的投资	56	12
发现独特的机遇	52	10
抓住有利可图的商机	42	10

热爱自己的事业

在对财务自由者的多年研究中，我发现很多降低风险的手段与正确选择职业领域有关。我采访过的白手起家实现财务自由的人在他们的职业领域都有一定的资历和影响力。在做职业选择之前，许多人会研究不同类型企业的收益，这样能够了解不同风险对应的收入增长潜力。

风险承担者之所以成功，原因之一就是他们在选择行业时做了许多功课。他们似乎对自己可能喜欢的行业类型有一种直觉。在大多数情况下，这个过程至少有两步。首先，风险承担者会选择一个喜欢的行业，从雇员做起，初步建立自己对这个行业的直观感受；然后学习相关知识，接受职业培训，积累工作经验，与潜在客户和供应商坦诚而长久地沟通，最后创办自己的企业。这样来看，风险其实比大多数人想象的小多了。在相同或相关的行业中从雇员变成老板，要比进入一个新行业容易得多。如果你喜欢这一行，就更容易成功。

风险承担者将成功归结于"热爱他们的职业或企业"的可能性，比非风险承担者高近两倍。

发现机会

风险承担者具备一种独特的敏锐直觉，在对一组白手起家实现财务自由的人进行的多次采访中，我发现了这一点，他们能"看到别人看不见的商机"。他们知道怎样通过投资别人不看好的企业规避激烈的竞争，从而降低失败的概率，提高成功的可能性。竞争者之所以没有进入这个领域，是因为存在他们的"感知障碍"——他们没有发现机会。

我曾收到这样一份留言，留言人的父亲对发现商机独具慧眼。

> 我父亲去年去世了，如果他还在世，一定非常愿意完成你的调查问卷。他只读到六年级，因为我爷爷和他的老师不停地打击他，他就像生活在地狱中。
>
> 后来我父亲创办了公司，并且帮助家族创办了多家企业，将小作坊发展成了大工厂，他功不可没。
>
> 他看到了别人看不见的商机。
>
> R.J.R.
> 公司总裁

发现了百年不遇的好机会，还要有勇气去把握。一个六年级就辍学的人，仅仅是设想一下以后要创办多家资产达数百万美元的企业，也需要极大的勇气。显然，他的父亲和老师对于他强化自身价值感、提升自信毫无帮助，但强大的商业直觉足以帮助一个人战胜贬低、扫清阻碍、增强勇气和决心。

如果你有伟大的创意，但其他人不认同怎么办？如何说服他们？大多数成功人士都具备推销自己的创意和产品的能力，这是大多数成功的企业主和公司高管都具备的成功要素之一，同时他们还知道怎样识别最有可能被说服并追随他们的有勇气的人。

"麦当劳之父"雷·克洛克既有勇气又有眼光，他最开始推销麦当劳加盟招商时采取的策略就是找到有勇气的人。麦当劳在今天有口皆碑，但当时对克洛克先生来说，找到加盟商很难。幸运的是他在推销特许经营权之前，就已经看到了别人忽视的机会。

克洛克先生思考了一个问题：是谁向我推销了从人寿保险到《圣经》的一系列产品？他发现电话推销员很有勇气。他猜想，如果他们有足够的勇气通过贸然打电话推销产品，也一定有勇气加盟麦当劳。于是，克洛克先生让秘书联系了所有电话销售专家。事实证明他是正确的，约翰·洛夫在他的著作《麦当劳：探索金拱门的奇迹》中对这种"向销售专家推销"的策略给予了高度评价。

积极思考，减少恐惧

在美国，高收入人士确实具备承担风险的勇气，但这种勇气会不断受到现实的考验：为了创业将所有财产抵押出去，放弃去做一家成功律师事务所的合伙人转而创业，或是彻底改变公司的产品供应结构……他们如何面对做这些决定时引起的恐惧?

如表4-1所示,"相信自己"是最重要的应对方法之一。有本书开篇就强调了这一点,它就是《积极思考的力量》,作者是诺曼·文森特·皮尔,这本最早出版于1952年的书长居《纽约时报》畅销书排行榜。

皮尔博士生于1898年5月31日,在纪念他100周年诞辰的活动中,我很荣幸地收到了这本书的纪念版。《积极思考的力量》影响深远,累计销量超过了2 000万册,美国有许多研讨讲座、励志演讲甚至心理治疗都提到了皮尔博士的观点。

皮尔博士经常引用《圣经》中的箴言,他的作品中有着浓厚的信仰情怀,这对有虔诚信仰的财务自由者有一种特别的吸引力。其实不管是否有信仰,包括成功的作家或专业人士在内的许多人,都在不知不觉间接受了皮尔博士的建议。

我曾在佐治亚州立大学市场营销专业任教13年,与戴夫·舒瓦茨是同事。戴夫是著名的演讲家和作家,出版了畅销书《大思想的神奇》。该书累计销售超过350万册,书中重点论述了大胆的想法对做成大事的重要性。

当我问及他成功的原因时,他告诉我,他一直坚持积极思考。

> 你可以积极思考,也可以消极思考,这完全取决于你本人。但在同一时刻,你只能二者选其一。你想变得积极还是消极?我的思想已经积极得不能再积极了,否则我就要担心自己的心理健康了。

戴夫是个乐观主义者,当他感到担忧或者恐惧时,就会有意识地用积极的思维战胜这种情绪。在《大思想的神奇》中,他鼓励那些渴望成功的人:只期待成功、不考虑失败、培养强大的自信、有野心。

戴夫的许多主张受到了财务自由者的推崇,这些人也是控制自己思维方式的专家,他们擅长利用对成功有利的思维和行为方式,赶走自怨自艾的消极想法。在《大思想的神奇》一书中,戴夫引用了古罗马先哲普布里乌斯·西鲁斯的话作为结束语:

> 智者是思想的主人,愚者是思想的奴隶。

如果你深信自己不能成功,或许就真的不会成功。许多人都担忧自己不如别人,哪怕是很小的财务风险也会引起恐惧,而担忧和恐惧总会伴随着自卑。一些财务自由者探索出了适合自己的激励和思维的方式,也许这些方式对你并没有作用,不过你能从他们的乐观态度和能激发积极思维的行为中获得勇气。担忧和恐惧会阻碍人们创造财富,只有勇敢的人才能战胜它们、取得成功。

相信自己

几乎所有接受调查的财务自由者都表示,他们取得成功、战胜恐惧的关键是自信。这并不是说他们总是自信满满,当生活中出现重大变故或挑战时,他们的信心也会动摇。可贵的是,他们掌握了重获自信的方法。

汤姆·曼发明了一种使用广泛的鱼饵——橡胶蠕虫。他不仅是发明家，还是世界级的竞技钓鱼大师，他用科学的方式研究鱼、钓鱼者的效率、鱼饵和钓鱼技巧。我曾有幸听他阐述钓鱼的诀窍，汤姆先生说，钓鱼时最好的诱饵是钓鱼者的信心，如果你对鱼饵有信心，它就会帮你钓到大鱼。

汤姆先生的话让我深感震撼："我酷爱钓鱼，从7岁就开始学习钓鱼，似乎真的没有用自己不信任的鱼饵钓到过鱼。"对于汤姆先生的观点我举不出任何反例。

人生也是如此。如果你缺乏自信，就难以成功，因为这样很难激励自己，无法认可自己正在做的事，长此以往就会愈加缺乏信心。如果你的眼神里有自我怀疑，优秀的人才如何心悦诚服地为你工作？你如何推销自己的产品或服务？如果员工和客户都察觉到你并不自信，那么你注定失败。

通过研究发现，一个人如果相信自己能成功，会极大地提高实现甚至超越目标的可能性。财务自由者们经常说，"相信自己"是一种非常有效的积极策略。因面临重大决策而感到恐惧时，他们就会运用这种策略。

自信源自何处？有些人认为自信是与生俱来的，但我不赞同这种观点。我认为自信能够通过家庭教育或者自我锻炼逐步培养，大多数人都具备提高自信的能力。

成功人士也不可能永远自信，我从未遇到过没有担忧和恐惧的财务自由者。当他们与恐惧不期而遇时，之所以有能力战胜它，首要秘诀就是唤醒内心深处的自信。

如果你想掌握生活，有些无形的资产是必不可少的，如自律、学会与人相处、热爱自己的职业、明智地投资、工作努力、勇于承担风险、诚实、找到你的机会等。但如果你不满足于此，想要争取更大的经济产出，你就需要更多了。在不断接近财务自由的过程中，你需要逐步增强自信。在白手起家实现财务自由的过程中，风险会与日俱增，对任何人而言，战胜恐惧都不是一劳永逸的事。随着不断获得成功，自信也会不断增强。

缓解恐惧的行动

承担风险通常会引发担忧和恐惧，风险承担者如何缓解这些负面情绪呢？我分析了1 001位受访者的答卷。在他们中，高收入、低净资产的人最不愿意承担风险，这些人是挥霍者，而不是投资者。他们认为自己"成功"的高收入是源自高智商和理解力，而不是承担风险的勇气。

承担风险和分析性智力的考试测试成绩之间存在负相关关系。有的人热衷于讨论自己高人一等的智商，但典型的风险承担者却拥有更丰富的实践经验和创造性思维。斯滕伯格教授的调查证实，风险承担者在分析性智力方面并不出色，但他们能够通过一系列技巧弥补这一劣势，如聘请顾问、研究和分析大量金融文献、寻找被忽视的商机等。这些技巧是创造性思维的结果。

风险承担者更有可能采取降低担忧和恐惧的行动。他们有一套增强自信、提升勇气的方法，并最终提高成功的概率。

与配偶分享（风险承担者 71% 对比非风险承担者 59%）

风险承担者在选择配偶时尤其慎重。根据统计，他们选择配偶时对某些品质更敏感——热情、智慧、宽容、自律、稳重、温和、品德高尚、可靠和务实。如果风险承担者同时是家庭中的经济支柱时，他们会更希望配偶拥有这些品质。因为相比于换新房、买车和度假，他们更倾向考虑投资。

并不是所有的人都适合成为这些财务自由者的配偶。他们之所以对配偶的选择非常慎重，是因为他们希望在实现财务自由的道路上，能得到配偶的支持。

定期运动（64% 对比 53%）并通过运动强化精神铠甲（55% 对比 43%）

约翰·彼得森医生曾经是运动员，但他没能保持住身体状态。在他的第一家牙科诊所开业 5 年后，他认为自己需要改变了。他想增强身体素质，于是聘请了一位私人教练为他制订了锻炼计划，并逐渐拥有了更好的身体状态。彼得森医生认为，锻炼提升了他应对重大风险的能力。作为风险承担者，他为诊所购买了最先进的设备，但他却很少担心如何收回数以百万计的投资成本，或如何获得维护设备的高昂费用。

彼得森医生是一位医术高明的医生，而他战胜恐惧的能力更甚于他的专业技术。他每天上午都会进行高强度锻炼，就像军营为新兵设计的那样。这些锻炼的效果非常好。他认为，恐惧和担忧来自不良的身体、心理和精神状态，锻炼能帮助人们保持积极的精神状态。如果每次为诊所做投资时都感到害怕的话，恐怕他就不会投入一分钱，也不会成为这家极具赢利能力的诊所的老板了。

有些人认为，积极心态和勇气是与生俱来的，但彼得森医生不这么认为。我向他询问在身体状态欠佳时，还能否以健康、积极的心态来承担压力。他回答说："不可能，当人们面对压力和风险时，疲劳容易让人表现糟糕，这就是军队和顶级运动员需要最好的身体素质的原因。如果我没有每天锻炼，可能现在就已经失业或者被迫转行了。因为如果总在工作中犯错，这份工作就不可能长久。"

主动出击，战胜恐惧（74％对比51％）并展望成功（76％对比57％）

我把风险承担者称为"笔和笔记本人士"。他们总是在笔记本的一页写下风险的正面因素，把负面因素写在另一页。首先，他们会审查负面因素，然后用正面因素抵消负面因素，从而摧毁自己的恐惧。只有正面因素远胜负面因素时，他们才会冒险采取行动。

他们通常是员工或资本眼中的领袖，在这个角色中，他们还必须有能力通过对成功的描述来消除追随者的恐惧。或许他们是发明家、教师、销售专家或领导者，但首先一定是富有远见的自我激励者。

温暖的家庭

即便成功概率十分渺茫，有些人仍然执着地为目标奋斗，直至在不利环境中胜出。逆境和承担重大风险通常会使人恐惧，大多数成功人士在成长阶段习惯于依靠父母化解这种情绪。父母给他们提供了充满爱与温暖、稳定且积极的成长环境。

并不是每一个家庭稳定、受到鼓励创新的孩子都能白手起家实现财务自由，但他们往往稳重而可靠。如果一个人的家庭非常混乱甚至压抑，则难以取得成功，因为这会给他平添许多困难和压力。

没有稳定的环境，实现财务自由将异常艰难。心理上的不稳定容易导致注意力不集中和喜怒无常，这样的人难以与他人相处。他们通常也缺乏决心应对经常出现的财务风险。

除非身处高风险环境之中，否则永远无法体会到家庭的重要性。为了创办属于自己的企业，有时不得不赌上全部家产。如果失败了会怎么办？如何摆脱破产的威胁？

财务自由者会无数次鼓舞自己：

> 哪怕我失去了一切，也仍然拥有最宝贵的财富——我的配偶和孩子，他们永远不会抛弃我。

这本书中的案例表明，财务自由者往往会选择理想的职业、自己经营企业、做明智的投资，但在这些要素之下还有一些更基本的要素：稳定的成长环境、父母的爱、支持他们的配偶和坚定的信仰。几乎对所有实现财务自由的人来说，自信都源自家庭，是父母逐步培养了他们的自信。

信仰

财务风险总是让人恐惧,许多成功人士相信,坚定的信仰是降低甚至消除恐惧的动力之一。约有37%的财务自由者称,"有坚定的信仰"使他们产生"相信自己"的信念。信仰越深,自信也越强,继而有能力应对新的、更大的挑战。其他的财务自由者通过周密的计划、抓住问题的关键集中解决、有条不紊地做事来不断加强自信。有信仰的财务自由者更倾向于雇用同样有信仰的人,这是他们不断取得成功的捷径之一。

调查结果显示,面对担忧和恐惧时,75%有信仰的财务自由者会做祷告。下面是我对福来鸡连锁餐厅董事长特鲁特·凯西的一次专访。

问:信仰如何帮助你战胜恐惧、做出决策?

答:我不认为信仰和经商之间有什么冲突,上天让我们所有人为成功而生,支持我们,希望我们取得成功。我是美南浸信会成员,一直对家庭和教堂尽心尽力,在主日学校[①]为孩子们上课。

我每一次做决策前都要祈祷并沉思,寻求上天的旨意。通过事情的发展情况,我感觉到上天在关注我。我常常感觉上天在考验我们的忠诚。相比于我们的计划,有时命运会做出更好的安排。人生中如果事事顺利,就没有机会成长,只有当困难

---

① 指星期日对儿童进行教育的学校。

阻碍前进的道路时，我们才会学到新的东西、不断向前。

问：能举一些你战胜挫折的例子吗？

答：我的餐厅发生过两次火灾，其中一次火灾将整个餐厅全部焚毁。当时我做了手术，生死未卜。这些经历让我突然明白了人生中真正重要的是什么。

问：信仰如何影响你的个人投资方向？

答：我认为根据一家公司的所有人和所有权来评估它的价值比较明智。如果对创办公司的人并不完全认可，就一定要慎重投资。除了房地产，我很少在自己经营范围之外的领域投资。

问：信仰对你的工作效率有什么影响？

答：员工喜欢跟随对工作富有激情的人，我并不懒惰，但也不想成为工作狂。我们创办了11个寄养之家，一共领养了110个孩子，工作之余要给孩子们联系度假家庭和一次在贝里学院为期两周的体验营活动。这些都是经营企业之外能给我带来乐趣的事情。

福来鸡公司更关注人的精神需求。它通过为员工提供奖学金、赞助主日学校、给来用餐的孩子们赠送玩具等活动，实践了基督教的教义。

人必须对自己、命运或生活怀有信仰，是否对未来充满期许是成功者和失败者的区别。

找到自己的力量之源

对托罗公司董事长兼CEO肯·梅尔罗斯而言，信仰是勇气之源。当他需要做出对公司有重大影响的艰难决策时，信仰更是他的精神向导。梅尔罗斯说，他能够经营托罗公司是"一个意外"。1981年，他工作了11年的公司陷入混乱，处于破产的边缘。当董事会任命他为董事长时，他知道自己必须做出影响数百名员工生活的残忍决策。

"解雇员工、调整结构、关闭工厂……做这些决策与我的性格不符，对我来说是如此艰难，我必须坚信命运与我同在。"梅尔罗斯回忆道。"我记得自己当时苦思冥想怎样经营公司，怎样才能做出正确决策扭转公司的逆境，并且尽量关爱员工，"他说，"那段日子感觉自己完全不知所措。"

于是他向上天寻求力量和指引。除了每天做祷告，他还在电脑上贴了一张纸条，上面写着"命运让我身处此地"。

"这句话非常形象，是真正的力量之源。"梅尔罗斯说，"我每天早晨都祈祷上天帮我顺利度过这一天，我相信上天会帮助公司走出困境，指引我做出正确的决策。"

他请两个管理团队做了一份清单，列出对公司生存必不可少的职位。经评估，1 300个职位中有735个保留了下来。利用裁员后空出来的一块办公区，托罗公司设立了一个工作中心，帮助失业的员工寻找新工作，提供电话、行政支持、顾问和其他服务。梅尔罗斯骄傲地说，公司复苏后许多被解雇的员工又回来了。

公司用了两年走出绝境，证明了实力。梅尔罗斯开始利用基督教教义为托罗公司创造一个全员参与式、富有爱心的工作环境。他希望在这种企业文化的影响下，员工能意识到勇于承担风险对公司发展至关重要，并将这种理念渗透到公司产品的创新中。"像耶稣对待他的门徒那样，我们通过关怀而非看管的方式与员工互动。"

梅尔罗斯总结他的力量之源："上天赐予所有人天赋，让我们具备奉献的潜力。"帮助人们发挥潜力正是领导者的作用和荣耀。

主日学校里不仅有孩子，还积极接纳中年人。与大多数人一样，不是所有富人都接受过良好教育。其中最富有的参与者从未在大学上过一天课——他叫亨利，一个非同凡响的人。

亨利不仅富有，在教堂也非常受人尊敬。他有很强的领导能力，是教堂和牧师的重要顾问，还为筹建教堂捐赠了大量善款。

亨利的父母是佃农，他们没有留给子女什么钱，但教给了子女更重要的事——作为成功的企业主要如何应对危机，面临风险时如何减少甚至消除恐惧，面对高学历的人时如何调节自卑情绪……除此之外，亨利会告诉你，做到这些还得益于他找到了自己的力量之源。

对亨利而言，坚定的信仰不仅仅帮助他克服了恐惧。他在机械设计方面极富才华，许多产品都是自己发明的，其中最成功的发明源于某天晚上的灵光乍现——他说自己似乎处在幻境中，神灵向他展示了一个创意。他相信，这是源于他的力量之源。

亨利并不孤独。将信仰作为自己力量之源的想法影响了许多财务自由者，帮助他们克服了贫穷和学历方面的劣势。

要勇敢、坚强，不要恐惧，也不要惊慌，因为无论你到哪里去，耶和华都与你同在。

——《旧约·约书亚记》，第 1 章第 9 节

第5章　发现你的事业

梅尔为什么能积累千万资产？有一个原因非常重要——在正确的时间和正确的地点选择了理想的职业。许多财务自由者都是如此。

梅尔应征入伍并在部队服役两年，在此之前，他一直认为自己是一个吃不了苦的"大城市男孩"。驻守在美国南方的农村时，他在那里抓住了机遇。当战友抱怨部队伙食和农村环境差时，梅尔花费了大量空闲时间寻找房地产投资机会。就在服役期满前，他在驻地附近发现了一处被抵押的房产，由于丧失赎回权正被地方法院出售，要价7 000美元。

24岁的梅尔发现了这个被人们忽视的商机。谁会想在南方腹地的小镇上买一座老房子呢？

> 连我的父亲，一位非常精明的商人，也劝我不要买。但最后我还是买了。

梅尔的父亲和他的大多数合伙人都是彻头彻尾的"北方城市居民",他们对南方抱有偏见,很少在那里投资。而梅尔认为南方很有发展潜力,于是做出了人生中第一笔投资,他当时就预见这个小镇将成为未来南北方关键区域的交会点。的确如此,现在,南方被称为"阳光地带",这处房产周边的工业发展潜力正逐渐展现出来。

我买下的那栋房子邻近一家大型的工厂,工厂里大约有2万名员工。当时,我以每个月100美元的价格把房子租了出去,现在每个月的租金涨到了3 000美元。

租出房子后,梅尔开始实践自己的计划。

在接下来的5年里,我在那里走访了多位房地产所有人,以7 500~10 000美元的价格收购他们的产业。

梅尔利用OPM①战略,在短时间内拥有了3个城市街区。

我总共投入了17.5万美元,全是银行的钱。在前15年里,我开了50家商店。目前建设这些商店的贷款都已还清,并且它们每年都能带来75万美元的收入。

所有的钱都是借来的。一开始,梅尔从银行贷款7 500美元,

---

① Other People's Money,指充分利用做大规模的优势,增强与供应商讨价还价的能力,将占用在存货和应收账款的资金及其成本转嫁给供应商的运营资本管理战略。

收购了第一处商业地产，他向父亲详细论述了这块区域的巨大发展潜力，最终使父亲认可了他的商业头脑并为这笔贷款做了担保。后来，梅尔把那处地产及时地租了出去，两年的租金足以偿还这笔贷款的本金和利息，他的现金流从一开始就非常充裕。

随后，梅尔继续低调而有条不紊地利用OPM战略收购商业地产。他与十几个贷款人有过交易，从来没有花过自己的钱。这位拥有千万资产的财务自由者有时也会想，当年那些在部队里抱怨"糟糕的南方"的战友怎么样了？是不是还在高谈阔论？

梅尔不仅有一双善于发现机遇的眼睛，还有堪称导师的父亲。父亲告诉了他许多用少量资金投资房地产并最终创造巨额财富的故事，其中的关键就是抓住机遇——尤其是别人忽视的机遇。他听从了父亲的建议，在两年的部队生涯中积累了可观的财富。

如今梅尔快到退休的年纪了，尽管他在南方已经拥有超过3个街区的房产，但仍然在寻找投资机会。梅尔喜欢投资商业地产，只购买适合开零售商店或类似的地产。因为怕麻烦，他从不与终端消费者直接交易，所以他不收购公寓。他一直相信，商务人士对契约更严谨。此外，多年来另一个信念也让他受益匪浅。

> 从我记事时起，我就相信是上天赐予我们土地……没有土地，就没有一切。

梅尔开玩笑地称自己是"垄断3个街区的领主"。

职业选择

财务自由者告诉我,有些要素对于"发现"理想职业非常重要,但单一要素影响职业选择的情况很少见。表 5-1 显示,39% 的财务自由者凭直觉选择职业,尤其在企业主和创业者、公司高管、律师、医生这 4 个职业群体中,直觉尤其重要。

根据《韦氏词典》的定义,直觉是"未经有意识地推理,便立即知道或认识到一些事,即迅速敏捷的洞察力"。请注意,46% 的企业主和创业者表示他们往往靠直觉选择职业。大多数净资产过百万的企业主会强调"我的成功是选择进入特定职业领域的直接结果"。

在受访的财务自由者中,企业主和创业者人数最多,但在美国并非大多数企业主都能取得财务自由。显然,拥有自己的企业并不能保证让你实现财务自由,但谨慎选择企业类型和发展领域,能极大地提高成功概率。

发现独属于你自己的宝藏

理查德先生出生在一个中上阶层家庭,从私立学校毕业,人生前 18 年都住在纽约高档社区中。他为何最终选择在美国南方腹地经营废品处理厂?带着这个疑问,我采访了他。

理查德先生年收入在 70 万美元以上,属于资产型富人。在每个工作日的早晨 5 点 35 分,他愉快地准时起床,迫不及待地投入工作。

表 5-1 财务自由者如何"发现"理想职业
（样本数：733）

	发现方式	所有受访者(%)	企业主和创业者(%)	公司高管(%)	律师(%)	医生(%)
信息搜集	直觉	39	46	37	30	31
	研究企业赢利状况	30	39	33	15	23
	阅读相关商业杂志	14	16	15	2	8
偶然因素	偶然发现天赐良机	29	31	33	13	12
	实践经验	27	30	29	13	8
	厌倦或失去之前的工作	12	15	10	5	4
	发现前任雇主忽略的机会	7	9	4	3	2
他人建议	代理人的建议	3	2	6	1	0
	发现有利时机或加盟机会	2	2	1	3	0

我：你为什么每天早晨都充满激情？

理查德先生：我想要全身心投入工作。对我来说，完成工作目标非常重要。与那些住在奢华的房子里却没有积蓄的人不同，我没有财务问题，但每天还是想到废品处理厂去。我想做的事情太多了，这驱使我每天充满激情，只想好好完成工作。

理查德先生每天积极地早起、延长工作时间的动力是什么？与

159

大多数成功人士一样——他们拥有的财富越多，就越坚信：成功是因为热爱自己的事业。在前文列举的成功要素中，86%的财务自由者认为热爱自己的事业对取得成功很重要。理查德先生这样的人反复告诉我们："如果你热爱自己的事业，成功的概率会非常高。"

职业热情往往不是"一见钟情"。如表5-2所示，只有55%的财务自由者表示他们最初选择某一职业是出于热爱，但在最终影响成功的要素中，工作热情的占比为80%。所以，不是所有财务自由者一开始就能预测所选职业是否会带来实质性的收益，但66%的人表示，他们最初之所以选择某个职业，是认为它有可能帮他们实现财务自由。58%的人表示影响职业选择的一个重要因素是它是否具有"巨大的收益潜力"。

像理查德先生这样的企业主和创业者对收益问题尤其敏感，他们寻找的是最终能够实现财务自由的机会。相比于整个财务自由群体，他们并不在意所选职业是否足够体面、能提升自尊，但有52%的企业主承认职业尊严影响了他们的选择。与之形成鲜明对比的是，财务自由者中有83%的医生表示，选择从医是因为这一职业有助于提升自尊。

约有2/3的财务自由者表示，"能够实现财务自由"是影响他们做出选择的重要因素，但他们很少在财务自由之后卖掉自己的企业然后退休。理查德先生已经非常富有了，他的财富可以让全家人至少在今后的20年里衣食无忧，但他仍然热爱自己的工作，坚持每天天亮前就起床，努力让企业的效益越来越好。像这样的人对工作不仅仅是热爱，相比于"能够实现财务自由"，81%的财务自由者选择职业是基于所选工作"能够充分发挥自身的才能"。

表 5-2 财务自由者如何选择理想职业（样本数：733）

影响选择的要素		所有受访者（%）	企业主和创业者（%）	公司高管（%）	律师（%）	医生（%）
情感因素	能够充分发挥自身的才能	81	83	77	87	83
	提升自尊	62	52	63	65	83
	对职业和产品的热爱	55	55	55	38	72
	理想	30	33	19	43	63
财务自由的需要	能够实现财务自由	66	79	53	52	85
	巨大的收益潜力	58	71	55	46	42
	自己当老板	49	73	22	34	77
学业	直接受大学成绩影响	44	36	44	53	56
	导师的建议	29	19	34	39	33
	能力测试的结果	14	8	17	30	23
继承因素	父母的建议	20	20	11	30	38
	有家族企业	13	24	8	11	6
现实影响	受兼职经历影响	13	15	10	13	4
	大学就业指导中心的建议	6	3	9	6	6

不过大多数普通人做不到这一点，他们只是被动地接受工作。对他们来说，工作仅仅是一种谋生手段，而不是一项可以让他们心甘情愿为之付出的事业。

大多数财务自由者找到了热爱并且能够提升职业尊严的理想工作，这只是因为幸运吗？不可否认的确有一些运气成分，但为了找到理想的工作，每个人都必须首先对自己有清楚的认识。自己的优势和劣势是什么？喜欢什么、不喜欢什么？如果无法回答这些问题，就不可能找到理想的职业。

寻找理想职业的过程不能脱离实际，财务自由者并不是在某天起床后突发奇想，决定自己要干什么。在找到理想职业之前，大多数财务自由者在积累财富的过程中都有过不愉快的工作经历，理查德先生也一样。

> 我：我很好奇，是什么激励你创办回收旧卡车零件的企业？
>
> 理查德先生：在此之前的 8 年里，我的工作一直不稳定……我一直在为别人工作，报酬很低，于是我开始创业。
>
> 我：为什么没有选择其他类型的企业？为什么是回收旧卡车零件？
>
> 理查德先生：我必须另辟蹊径，找到有利可图的商机。因为挤入大众化的行业会让自己步履维艰，参与激烈的竞争很难带来高收益。

选择职业时，理查德先生与大多数人相反——他一开始就明确了目标顾客群体，若干年前就成了同类市场上消费者的不二之选。

理查德先生是发掘小众市场和专业化经营方面的专家,能立即辨认出与他同类型的人。

> 理查德先生:我的一个朋友也很与众不同。他是一名牙科博士,最初的专业是负责在下颌受伤时治疗牙齿。后来他回到医学院,攻读医学博士学位,毕业后他既可以医治颌骨受伤,也可以医治牙齿。
> 我:现在他的诊所怎么样?
> 理查德先生:他看准了最专业的领域,大赚了一笔。

这位医生与我研究过的大多数财务自由者尤其是白手起家的企业主有一些共同点。他们都很专业,并且选择了小众领域,很少参与激烈的市场竞争。他在牙科这一小众市场和相关专业服务领域积累了工作经验,认识到具备牙科博士和医学博士两个学位可以获得更高的收益,并且对市场机遇非常敏感。他认识到,如果能为病人提供配套服务,收益会好得多。所以,他提出了全套颌骨和牙齿治疗服务的想法。

理查德先生选择的也是小众行业,并且用赚得的利润积累了资本。他对这一行一直很感兴趣,如今,他已成为废旧卡车零件回收处理的专家,他和他的医生朋友在各自从事的领域几乎没有实力可匹敌的竞争对手。

理查德先生曾为许多制造商工作多年,还做了5年卡车分销商。他大学毕业时成绩一般,最初赚钱也不多。他和妻子十分节俭,一直想尽快积累财富,实现财务自由。他认识到,受雇于人永远不可能变富，他感到焦躁不安，不知道应该怎么做，后来，工作中出现了一连串有趣的事。

> 我那时在怀特汽车公司当副经理，老板让我把一辆旧卡车卖给废品收购商，卖了500美元……大概两个星期后，因为需要给另一辆卡车换一台二手发动机，他叫我再去找那个废品收购商。废品收购商从我们两个星期前卖给他的卡车里取出了发动机，要价500美元。此外，我们还必须用另一台旧发动机跟他交换。

理查德先生受到了启发，他意识到废旧卡车的许多零件还是有价值的。事实上，那辆卖了500美元的卡车如果拆分成零部件出售，可以卖到原价的5～10倍。那一刻，理查德先生找到了灵感。他立即意识到，与废品相关的行业蕴藏着巨大的商机。

> 我看着那张500美元的发票，对自己说："这个家伙仅仅花500美元就得到了传动装置、车尾、轮胎、车门、散热器，以及我们换给他的另一台旧发动机。"
>
> 两个星期前，我们以500美元的价格将整辆卡车卖给了他，现在仅发动机他就卖了500美元，这个家伙大赚了一笔。

有了这个意外发现后，理查德先生认识到二手卡车零部件生意可以赚大钱。两周后他就开始自己做生意了，他买的第一辆废旧卡车也用了500美元，将卡车拆卸出售后的收益是原始投资的7倍。

对于像理查德先生这样白手起家实现财务自由的人而言，选择职业需要一个过程。美国有千千万万家企业，至少有2.2万种不同的行业，大家都至少有2.2万种选择。理查德先生借助直觉，开创了一种新型企业。许多财务自由者曾告诉我，在竞争很小甚至没有竞争的市场领域拥有一家专业化的企业，是他们获得成功的直接原因。

理查德先生不是一个普通的零部件分销商——他的主业是收购旧的大型卡车，然后再和同事们拆解旧卡车，卖掉零部件。听起来很简单，但这是一种利润可观的经营模式。许多人知道二手卡车回收厂，他们觉得那里只有废品，而对理查德先生而言，废品就是财富。如今，他的净资产超过了1 000万美元，前一年的个人实现收入超过70万美元。他的首席卡车拆解技师去年实现收入超过13万美元——接近医学博士的年均实现收入。

许多普通人——甚至所谓的天才——都缺乏理查德先生所拥有的直觉。大多数人身处竞争激烈的职业领域，哈佛大学有80%的副教授得不到本校终身教职，于是他们接受了其他大学的聘请，许多人最终成为终身教授。由此来看，除了职业类别，所选环境的竞争程度也会影响成功。

我对美国就业市场的看法与大多数大学辅导员和就业指导老师不同。他们本意很好，但没有认识到这一点——在理想行业创业，做一名管理者，才更有可能实现财务自由。

那天采访完理查德先生后，我去复印资料。柜台后的店员看到章节标题后产生了很大兴趣。实际上，他拥有律师执照，认为我的资料或许对他的工作有很大帮助。律师行业竞争非常激烈，所以他需要做兼职弥补收入的不足,因为即使自己开律师事务所,也只能勉强维持收支平衡。

我所在城市的服务手册上,律师的电话号码目录超过了70页,经营二手卡车零部件的公司电话号码目录却只有1页。除了理查德先生的企业,其他公司都是出售全新或二手小型卡车及零部件的,只有理查德先生的公司专门经营大型卡车零部件,垄断了这个细分市场。至于那位复印店店员——他智力超群,通过了律师考试,进入了要求严格的法律院校,但那又怎样?这个城市有成千上万名聪明的律师,他只是其中微不足道的一个。

摆正心态

以建房子为例,如果地基不牢靠,那么无论在其他方面投入多少金钱和努力都无济于事,更糟糕的是,你会讨厌它。选择了错误的职业,你也会逐渐厌倦工作。像理查德先生那样的人之所以对工作充满激情,是因为他们认为工作是一种乐趣。

为什么只有少数人表示他们真正热爱自己的工作?为什么这么多人没有抓住实现财务自由的机会?其中一个主要原因在于过分在乎所谓的地位。父母是否曾告诉或暗示过你,上大学,然后找个体面的工作?我的家人总是对我说,大学毕业后应该每天穿西装、打领带去上班。事实上,并不是所有的财务自由者每天都西装革履。理查德先生就总是穿着一身海军蓝棉布工作服,和他的员工们一样。

这种想法的灌输或许会让孩子们在找工作时陷入困惑——如

果我不能成为一个专家、医生、律师或者注册会计师，至少应该进入知名大公司，当教师或公务员也可以。头衔、知名度、着装同许多附加福利一样，成了重要的职业选择标准。许多人受社会风气影响，盲目追求这些"地位"较高的职业。很少有家长对职业的认知像理查德先生的母亲那样开明：

建一个废品回收站没什么不好，为什么一定要上大学！

一些中产阶层人士对于经营蓝领企业或许会觉得不自在。如果是这样，他们将永远无法成为理查德先生那样的财务自由者——尽管理查德先生也来自中上阶层家庭，但他却能每天轻松地与废品回收站的同事融洽相处。

理查德先生愿意雇用高素质人才，从不关心他们的出身。许多人被"社会地位"蒙蔽了双眼，忽视了难得的机遇。他们可能永远不会注意到理查德先生积累的财富和他对企业以及员工的情感。可悲的事实是，自命不凡的人往往无法成为强大的创业者。

简单的问题解决方案是很多企业成功的基础。人们经常忽视日常问题，而这些日常问题却能开创一家创新型企业，比如理查德先生的公司。

我：为什么你能创办这家企业，而其他成千上万的人却没有？

理查德先生：可能因为这一行不容易引起人们的重视……以前没有人做过。一个行业收益越高越容易引起关注，没有人能完全垄断。现在大家都能看到我在做什么，这就不是什么大秘密了。奇怪的是，至今没有人愿意加入这一行。

总而言之，一些社会地位较高的职业有既定的培训过程，医生、律师和注册会计师等职业遵循着一套特定的程序，成绩最优秀的学生才有可能得到这些工作。但像理查德先生那样从自己熟悉并感兴趣的领域入手，创立独一无二的高利润企业，一样可以获得成功。

偶然的机会

吉姆白手起家实现了财务自由，在这个过程中有一些关键要素，其中最重要的是吉姆进入了一个理想的行业。如今他拥有并经营着数家商务俱乐部和乡村俱乐部。

吉姆非常喜欢他的工作，对自己的企业充满热情。他的职业发展经历了多次转折，一直在寻找能满足以下要求的职业：能够充分发挥自身的才能，能够实现财务自由，提升自尊。

同许多白手起家实现财务自由的人一样，吉姆年轻时经历了很多。他拥有猎人般的嗅觉，能嗅到难得的商机。曲折的经历锻炼了他的洞察力，让他的成功更值得回味。

在美国，有许多财务自由者没有大学毕业，吉姆就是其中之一。他考上了佛罗里达大学，但因成绩太差选择了退学参军。他告诉我，部队经历让他学会了很多，比如自律、组织能力和领导能力等，这些都让他受益匪浅。服役结束后，吉姆离开军队，重新进入大学学习。

租房是求学期间需要考虑的一个问题。相比公寓，吉姆更倾向于租住独栋住宅。其实就个人需要而言，大多数独栋住宅都太大了，但他最后还是租了一套超大的房子，并且将多余的房间租给同学，自己负责管理房屋，因为没有租户有兴趣收房租、买家具、交水电费、修剪草坪，以及承担其他任何与物业有关的工作。

吉姆非常享受房屋管理者的角色，他发现这样还能赚到钱。直觉告诉他，做中介能赚更多钱。不久，吉姆在学校附近租了24幢房子和小公寓，随后毫不费力地租了出去，一度有超过5 000名学生成为他的房客。

吉姆用做中介赚的钱创办了一家房地产开发公司，他认为这是积累财富和提升社会地位的必经之路。他相信开发房地产更赚钱，而且能激发创造力。当然，这样也更有话语权——开发商有控制权，所有的项目承包商、转包商和各种供应商最终都要对开发商负责。吉姆没有意识到这只是表象，借款给开发商的机构才掌握着真正的控制权。吉姆和其他许多创业者一样，坚信制造商和开发商总能拿到最大份额的利润。事实上，通常是为开发商和制造商服务的人获得了更高收益，房地产管理才是美国最具赢利能力的行业之一，而不是房地产开发。

提供服务的人是经济角逐中的赢家。无论是你的儿子想成为歌手，告诉你滚石乐队赚了数亿美元，抑或你的女儿想成为作家，因为《出版人周刊》报道称约翰·汉考克刚刚与一家大型出版公司签订200万美元的合同，事实上他们都不知道，这些职业看似光鲜，赚钱的概率却很低，即便赚到了钱也得与合作方分成。

代理人通过提供服务获取高额利润。假设一位作者花了3 000小时写出一本畅销书，这本书的版权代理人通常能拿到15%的版税。听起来似乎不多，但按时间成本计算，这可是一大笔收入。作者投入了他的激情、才华和3 000小时创作，而代理人可能只花了100个小时推销作品。假设每本书的零售价格是20美元，出版商卖出了100万本，作者得到15%，即300万美元，代理人得到作者酬金的15%，即45万美元，最终作者只得到了255万美元。将这255万美元分配到3 000小时中，平均每小时收入850美元；而代理人100小时的收入是45万美元，平均每小时收入4 500美元！如果代理人投入3 000小时，预期收益就是1 350万美元，是作者收入的5倍，而且代理人不必参加巡回宣传或签名售书等活动。

谁赚钱更容易？你想成为经理人、投资银行家、律师、代理人、天才推销员或物业管理人，还是开发商、制造商或作家？

我曾对我的孩子们说，提供服务的人最聪明。孩子们对此表示质疑，于是我告诉他们，美国每年出版的书超过30万种，其中有2/3从未在书店出现过。进入书店销售的10万种书中只有极少数销量能超过100万册，据我估计只有千分之一。成千上万的作者花费成千上万个小时研究和写作，但销量从未超过1万册，尽管许多作家在各自领域内都是出类拔萃的人才。

既然事实如此，为什么还有这么多人想成为作家呢？其中固然有社会地位的原因，但实际上，大多数人并不清楚通过这些努力赚到钱的概率。更糟糕的是，他们一开始并不了解其中巨大的经济风险和所需的成本。

如果吉姆预先了解了这些问题，他或许就不会从房产管理人变成负债累累的开发商。他是个不错的管理人，沉浸在"新手的幸运"带来的乐观情绪中。他的开发公司初期取得了一些成绩，但盲目乐观很容易蒙蔽一个人的眼睛，尤其在年少得志时。吉姆不到28岁时就在5个州开发了楼盘，他的企业一直没有遇到过任何挫折。当时，这种乐观情绪与吉姆的商业决策和生活方式有很大关系。

> 28岁，我正年轻，却成了佛罗里达历史上涉及金额最大的个人破产者。但这次失败很有意义……在此之前，我在墨西哥阿卡普尔科有一栋别墅，一架庞巴迪私人飞机，在12个城市有私人公寓。

后来吉姆失去了所有。他的房地产开发公司负债率太高，当贷款利率突然攀升时，他的公司垮了。一夜之间，他从豪华公寓搬到了父母的旧房子里，祖母把自己的老斯蒂庞克汽车给了吉姆，帮他渡过难关。

他很快重整旗鼓。不久，他接受了一家大型商业房地产管理公司提供的工作，他说：

> 我从那次失败中得到了许多教训，也收获了许多有益的经验。

吉姆在这家管理公司做了两年区域经理，学到了许多关于房地产金融的知识，随后他决定辞职，再次创办了自己的房地产管理公司。此外，他还出于投资目的收购了一些房产，开发了各种商业公寓和私人公寓。

几年后，吉姆预感到房地产市场将要暴跌。在市场崩溃之前，他出手了自己持有的所有房产，专心经营房地产管理公司。

他的一个大客户是一家大型商业银行，他为这家银行管理一些可投资资产。这家银行经常需要收回开发商贷款时抵押的房地产赎回权，于是他们聘请吉姆做顾问，请他提供有关资产清算方面的建议。在某些案例中，吉姆发现如果这些开发项目能及时完成，最终也会获利。在一次交易中，银行收回了一处被抵押的带有乡村俱乐部的大型高档住宅区，俱乐部包括一个18洞高尔夫球场、多个网球场、游泳池和一个设备齐全的大型会所。银行陷入两难，怎样做收益更大？是清算并出售这些房地产，还是接管项目并完成开发？

吉姆的建议简洁明了：避免数百万美元损失的唯一方法就是完成开发。但银行不想承担建筑业务，他们希望吉姆负责。由于有施工项目管理经验，吉姆接受了银行的建议。

然而，这个项目存在一个问题：假设你是一位潜在买家，社区的乡村俱乐部还未全面投入使用，你会花高价买这个社区的房子吗？如果想让购房者以合理的价格买房，俱乐部就必须开业并正常运营。

这次事件使吉姆抓住了一个重要商机，他认为自己很幸运。他的业绩记录优秀，所以为了解决俱乐部问题，银行让他管理这个项目。吉姆告诉我，他从未管理过酒吧，也没打过高尔夫，但他相信，认真付出的过程就是最重要的学习机会。

我必须学习。我为他们工作了两年，学会了经营俱乐部，这是在接管并建完住宅区（包括住宅、街道、供排水管网建设等）之后的事。

吉姆接管俱乐部并完成开发两年后终于成功了。所有的房子销售一空，俱乐部也走上了正轨，平稳运行。但银行仍然担心，如果他们卖掉俱乐部，新的所有者也许不能对会员高度负责，这样银行的声誉就会受到损害。银行再次联系到吉姆，一个非同寻常的惊喜摆在了吉姆的面前——银行不但将俱乐部以贴心的售价卖给了他，还为他提供了大量贷款。

吉姆意识到，管理俱乐部比做房地产开发好多了。作为开发商，无论做得多好，成败总是由市场决定。房地产管理则是一门更好的生意，它可以提供稳定的收益，让吉姆充分发挥才能。他非凡的领导能力和组织能力非常适合管理俱乐部，这项工作他一干就是20年。

如今，吉姆回想这些奋斗经历时，才意识到祖母对他影响很大。当他还是一个小男孩的时候，祖母不仅教会了他自律、努力工作和自主创业的价值，还教他如何发现并抓住商机。

28岁前，他迅速实现财务自由，随后的破产让他经历了磨炼，最终获得了回报。吉姆的成功不是偶然，他相信，如果你能抓住机会并努力工作，就会为你取得的成就感到震惊。

吉姆的儿子最近大学毕业了，想去他的房地产管理公司工作。吉姆对儿子说：

在进家族企业之前，你必须先到别的地方工作三四年。

在哪里能锻炼管理 200 名员工和数家公司的能力呢？吉姆认为答案是美国海军陆战队。吉姆说，他的儿子在海军陆战队服役 3 年后，"成熟了，变成了一个领导者"。

吉姆认可参军带来的益处，军旅生涯提升了他掌握主动权和与人相处的能力。确实，要取得成功，这些素质不可或缺，但在参军之前，他就已经具备了这些素质。

祖母是他的导师，一位创业者和农场主。在吉姆还不到 6 岁的时候，祖母就鼓励他努力争取成功，训练他在第一时间发现商机。

她告诉吉姆，如果每天早晨给奶牛挤奶，就能得到一半"奶牛所有权"和卖牛奶的收入。他做得很棒，祖母给了他额外的奖励——一头新生的小牛。后来，她又鼓励吉姆寻找牛粪的商机。

> 我开始从牛棚收集牛粪，然后卖给种番茄的人做肥料。

吉姆很小的时候，家人就告诉他，要想得到任何超出生活基本需要的东西，就必须自己去赚。祖母让他知道了拥有和管理资产的益处。

> 祖母说："照顾好这头奶牛和牛犊，它们就会为你提供牛奶。"

此外，她还经常给吉姆讲那些成功的企业主的信条。

> 如果不明白怎样为自己赚钱，就只能一辈子给别人打工。

对吉姆而言，一辈子给别人打工不是他想要的。他相信一个人必须始终对商机保持敏感，还在读高中时他就学会了这一点。

读高一时，吉姆说服了当地一位为他家服务多年的兽医雇用他。吉姆整个高中时期都在为这位兽医打工。他的工作时间是每周一到周五的下午、周末和整个暑假。刚开始，为了充分利用这个工作机会，他想出了一个方法——养金毛猎犬。这个兼职好处多多，因为和雇主关系不错，吉姆能以批发价购买狗粮，而且雇主会给吉姆减免金毛猎犬的诊疗费。更重要的是，吉姆还能通过雇主的社交网轻松出售猎犬幼崽。

上大学后，吉姆不得不放弃了这个"伟大的"工作。他以为在大学可以学到怎样谋生，却没有意识到他已经学会如何养活自己，而这要感谢祖母传授的生活经验。

为职业生涯而学习

乔·史密斯是一个财务自由者，在职业选择方面，他与其他根据大学成绩择业的人有所不同。

乔从事五金行业，经营着一家规模不大但利润丰厚的连锁五金商店。他在大学期间并没有学到关于五金的知识，这完全基于他的个人努力。当你读大学时，如果确定了自己以后想做什么，就会有清晰的目标，明确奋斗方向，然后选择一个对职业生涯有所助益的专业。你会认真审视每门课程教授的知识，思考在今后的工作中将怎样运用它。

从大学三年级开始，乔就有意识地寻找那些对工作有帮助的课程。面对每一门课程，他会问自己：这门课中的什么知识能够为我所用？但在大学生活的前两年，乔甚至不清楚自己为什么要上大学，也没把在大学中学到的东西与工作联系起来。

乔的父亲曾是一家五金店的店员，后来自己开了一家小型五金店。乔从未过多参与父亲的生意，父亲也认为获得大学学位是儿子成功的关键。他以为儿子只要获得大学学位，自然就具备了经营生意的能力。他经常说："乔，我希望你上大学，学习如何经营生意，这样我们才会更成功。"

刚开始，乔只是一个极为普通的学生，对学习没有多大兴趣，也从没有把五金生意与学业联系起来。在上大三之前的那个夏天，乔的父亲去世了。他不得不接管家里的生意，并想尽办法完成父亲的遗愿。

> 于是我去了非全日制州立大学继续上了4年学，同时经营五金生意。

成功与否现在完全掌握在乔自己的手中，一个20岁的学生要负责支撑起整个家庭，恐惧和逆境转化成了巨大的动力。在每一堂课上，他都会问自己相同的问题：学什么才能对生意有帮助？

在州立大学学习期间，乔意识到与会计学相关的商业课程和英语课的重要性，因为写大量的商务邮件和报告也是他工作内容的一部分。乔变成了一个全优生，以班级排名前5%的成绩毕业。他不仅成功接管了父亲的店，而且把它变成了美国最赚钱的五金零售企业之一。

学会进攻和防守

我遇到过的几乎所有优秀企业主都对成本很敏感。对于某些行业，成本或许不那么重要，但对于大部分行业来说，重视成本是获得高收益的前提，一个不注重控制成本的企业注定失败。

关于成本和经营费用，年轻的乔起初知之甚少，但自从在会计课中学习了相关知识后，他每天都在经营五金零售企业的过程中应用这些知识。

> 乔：我明白，要在生意上取得成功，就必须全力以赴，学习经营这门生意的每一个细节。我必须认真地控制每一笔细小的费用支出和每一件小事。
>
> 我：乔，你要经营企业，要上学，还要控制所有的费用，你从哪里挤出那么多时间呢？
>
> 乔：我每天很早就起床，在五金商店开门前就开始忙碌。

成为一个成本控制高手后，乔仍然不断学习，吸收各方面的知识。大多数成功的企业主都明白，顾客群体是积累起来的。通过精心选择店址，乔培育了庞大的顾客群体。他的商店总是紧邻消费者高度集中的生活或工作区域，不过仅仅拉近与顾客的地理距离是不够的，重要的是必须与他们的需求产生心理共鸣，乔花了大量时间和精力去研究顾客的需求，以确保商店提供的商品能满足这些需求。

乔每天早晨5点起床，6点前到达办公室开始研究成本、每一种商品的销售状况和利润数据。

> 白天我会最早到店里，保证是我在等待顾客。我认为每一个走进商店的人都有需求，如果顾客最终移步别的店，就意味着我们没有满足顾客的需求。满足顾客需求，就是我们的经营理念。

在乔的经营区域，大型仓储式家居装饰商店越开越多，但乔的生意还是越来越好。这表明：通过细分专业市场，同样可以获得成功。

> 我：能给我们列举一些有关竞争的细节吗？
> 乔：有无数微不足道的小事。但最重要的是，找到你的专业市场，坚定地做适合自己的事。这就是我们的五金商店和其他商店的不同之处——人无我有。我们发现了顾客的真正需求。

如果市场上存在某些只有你能满足的需求，你就抓住了获得丰厚利润的商机。乔了解到，许多顾客总是突然出现，寻找某些商品，但这种需求没人能满足。于是他通过积极满足这些独特的需求，积累了自己的顾客群体。

> 我们常备有不锈钢管道配件和O型圈，这些东西在别的五金店肯定买不到。因为有需求，所以我们储备了各种各样的商品，这样就能带来商机。我要说的是，如果你带着足够开放的心态去观察，就能找到有利可图的商机，这非常有效。

定期更新的数据反映了顾客需求的变化，乔根据它们做出工作调整。如今，他收集市场信息的能力证明了学会评估信息的价值。你必须确立具体的经营目标并保持专注，收集到的信息才有经济价值。如果没有利润丰厚的商机，可能就收集不到任何有价值的资源。

圣诞节前不久的一天，我在外面吃午饭，餐厅离乔的商店不远，所以饭后我顺便去购物。店里挤满了顾客，但我还是得到了店员的热情帮助。他们无处不在，随时准备为顾客提供服务。不管你买多少东西、问题有多刁钻，店员始终周到热情。乔的许多老主顾都是财务自由的人，他们当中有很多人的房子建于第二次世界大战之前，所以经常需要拆换一些部件。不管是购买电灯开关还是需要填补墙体裂缝，大家都会光顾乔的店。

设立自己的目标

请允许我提出一个观点：能最有效地利用学校资源的学生，也能充分认识到所学专业知识的价值，从学业中收获的就最多。还在读研究生的时候，我就注意到，入学前有过教学或其他工作经验的研究生对课程学习和研究的价值有非常清楚的理解，而其他人在课程学习中通常存在动力不足的问题，难以激励自己取得好成绩。

他们问："为什么一个市场营销学博士要学习数理统计和经济学？"在我所学的专业，统计学和经济学的博士学位课程考试是一样的：7门有关统计学、定量分析、宏观经济学和微观经济学的相关资格考试，每门4个小时，另外还有总计8小时的专业考试。

如果确定了未来要从事什么工作，理解这些考试就很简单。在攻读博士学位之前，我和许多同学都有教学经验。我们都明白，博士学位证书就像一张通行证，没有它几乎不可能被一流大学聘用。如果你真的喜欢教育，渴望提升自身技能，那么你在每一门课程中都能找到有用的知识。我在求学时经常会设想这样一幅画面——积极踊跃的学生挤满教室，而我将自己学到的知识传授给他们。这种自我激励的方法如今依然有效，当我写作时，我会想象满怀希望的读者通过读我的书提高经济能力。

要想实现财务自由，必须设立一个目标。如果你明确了自己今后想从事什么工作，就很容易通过大学的"基本训练"，所以有那么多医学院预科生能成功修完严格的本科课程。相反，如果仅仅想在考试中获得全A，最终得到的就只是成绩。对目标保持专注，事情会简单得多。

没有目标，大学生活就会变成一场梦魇。在漫长的人生中，你越早确定自己真正想做什么、想成为什么样的人，学习就越容易、越有针对性。所以，有工作经验的学生在日后更容易取得成功。

如果你有明确的目标，但成绩仍然不好怎么办？如今许多成功的创业者大学成绩是C、D甚至F。他们一边做着全职工作，一边攻读全日制大学学位，还有些人选择读夜校。他们始终乐观自信，因为他们有相关的工作经验并专注于实现职业目标。

许多最终实现财务自由的人通过各种方式找到了理想的职业。他们说，小时候，父母就经常在就餐时讨论成功人士的故事，这些故事可能来自报纸、杂志、书籍甚至亲身经历。与孩子分享这类信息不需要花费多少时间，但教导他们尽早领悟理想职业的概念益处无穷。

学会搜集信息

我是什么时候成为一名真正的"信息搜集者"的？应该是在1980年6月，那时我被介绍给了美国最早的地理编码公司创始人乔恩·罗宾，我们是为同一个客户服务的专项组成员，后来成了朋友。乔恩发明了一种按社区划分人口的有效方法，这个方法是找准市场、做宣传、促销、分销产品和提供服务的关键。

在这个项目中，测算财务自由人口规模需要乔恩提供资料。他创建了一个统计模型，可以评估美国每一个社区的平均净资产。我的任务是设计问卷和调查方法，并通过分析回收的调查问卷起草市场战略报告。

乔恩根据平均净资产水平对全美国的社区进行了分级，其中有些社区富裕家庭集中度很高，我负责分析在这些社区居住的财务自由者。他第一次做关于财务自由家庭分布的报告，就引发了我的思考。

他告诉我们，在许多所谓的高档社区中，财务自由者其实很少，而在一些不太起眼的社区里财务自由者又多得出奇，大约有一半的财务自由者并不住在所谓的高档社区中。

我彻底被这个事实吸引住了，乔恩的报告点燃了我工作中的火花。我成了一个真正的财务自由阶层信息搜集者，虽然还不确定通过这些信息最终能得出怎样的结论，但我坚持不懈地收集所有能找到的关于财务自由者的信息。

锁定信息源

问：斯坦利博士，你关于财务自由者的介绍非常详细，请问你是怎样找到他们的？

答：我喜欢阅读行业刊物。

问：你是说《华尔街日报》之类的报纸吗？

答：不全是，我说的是针对某一行业读者群的出版物。

问：能举一个例子吗？

答：好的，假如你有一家小型连锁比萨餐厅，你会喜欢阅读什么样的出版物？你可能会读行业报刊，因为它会带来市场发展趋势、竞争策略、产品战略、供应商等信息，比如《今日比萨》。如果你关注风机消音器行业，或许会读《排气新闻》；如果你想找到一些特价推土设备，就会读《岩石和泥土》。如果想采访美国顶级的兽医，我会阅读兽医类期刊。有时我甚至会阅读《出版人周刊》，而我最近在读的是《拖船评论》。

问：真是难以想象！你真的在读《拖船评论》？

答：是的，财务自由的人经常出现在行业刊物的重要版面上，全国性媒体想采访他们会请我帮忙，其他许多家媒体也常请我去采访他们。

问：现在美国有多少种行业刊物？

答：据我估计，接近1万种。我想，当读者得知我从行业刊物中搜集到的信息时，一定会受到启发。像《矿井和露天矿》《飞机交易》《废旧物品回收新闻》《阿拉斯加渔商》《南方承包商》等行业刊物正是挖掘商机的重要平台。

事实上，大多数财务自由的人认为他们不需要把自己的故事告诉《华尔街日报》《财富》或在全国性媒体上大加宣扬，但他们希望在自己从事的行业中拥有影响力。多年来，我对这类行业刊物印象深刻，它们对美国的财务自由者进行报道，同时这些行业刊物的所有人本身也大都是财务自由者。

问：这些行业刊物的所有人有足够的经验和资本吗？

答：不一定。许多行业刊物创始人一点出版经验都没有，他们大多不是新闻专业出身。美国顶级的行业刊物之一《今日比萨》的创始人最近寄给我一封信：

亲爱的托马斯：

听说您非常关注我们的杂志《今日比萨》，我深感荣幸。我向您保证，这本杂志中有令人兴奋的构想和富有启发性的评论。

在刚开始创办杂志的那几个月，一位广告客户兴奋地打来电话，问我们是如何做到让商业信件闻起来有比萨店的味道的。我说这是商业机密。其实在杂志创办之初，杂志的存放地、行业展览和行业协会的活动场地都在位于印第安纳州的小比萨店仓库里。由于仓库空间十分紧张，放比萨香料的架子紧挨着杂志社的信封和信纸，于是，它们就像海绵一样吸收了比萨独特的味道。

感谢您对我们的杂志和比萨展会项目的关注，期待您赏光参加我们的展会。

您真诚的朋友，格里·德内尔

创始编辑和出版人

问：你是说，一个经营小比萨店的年轻人成立了一家资产达数百万美元的出版公司？

答：当然。如今他已经成为整个行业协会、《今日比萨》杂志和行业展会的领导人物，但他并不是最早创办出版公司的人，也不是新闻学专业毕业。他只是印第安纳州的一位比萨店主，想阅读相关的行业刊物，但多年来市面上一直没有，于是他自己创办了一份。他知道市场上有这种需求，因为他自己就是市场中的一分子。

充分利用信息

我意识到自己收集的有关财务自由群体的信息可能会引起读者的兴趣。经过多年的数据收集、采访和调研，写出既吸引人又能帮助读者的书并非难事。有人问我写书花了多长时间，我告诉他们大约用了20年。听起来时间很长、工作量很大，但我热爱这份工作，并且永远不会感到厌倦。如果你：热爱你的工作，每天因它感到兴奋；确定所选择的职业能充分发挥自己的才能；从工作中能得到高度的尊严；深信目前的职业终有一天能让自己实现财务自由。那么，专注于目标高效地工作，对你来说应该不难。

能做到以上几点意义重大。现在有太多的人缺乏专注力，他们不注重也不擅长收集数据、分析消费者需求和学习具体营销技能。相应地，有心人会有意识地阅读行业资讯并收集与工作有关的创意和信息。如果不懂得积极收集信息，即使有能力和才华，也不知道应该做什么，或许永远无法创办自己的企业，甚至开始讨厌工作。从长远来看，如果一个人不喜欢自己的工作，效率就不可能提高。

只有找到适合自身天赋的职业，才更容易爱上它。注意，理想的工作应该具备让你实现财务自由的潜力。做到这几点，工作时就会变得非常自律，当你感受到工作的乐趣时，时间就过得飞快。

　　要找到理想的职业并不容易。大多数财务自由者表示，找到理想的职业前他们换过好几份工作。如果满足于毕业后的第一份工作、不愿做出改变，或者一直从事自己不喜欢并且缺乏成就感的工作，那么他们中的大多数人就没有机会实现财务自由。

　　一般说来，已有知识和工作经历影响着我们寻求理想职业的思路。对我而言，研究实现财务自由的人就是最好的职业，我原本应该成为一个普通的市场营销学教授，但我选择了一个更具体、更独特的研究领域，并且从中获得了快乐和成功。

我的发现

　　过去的生活经历会影响一个人对理想职业的追求。当我还是小孩的时候，我家住在布朗克斯蓝领社区的一所小房子里，距离纽约市最富有的社区菲尔德斯顿不到 500 米。那个社区有很多漂亮的独栋别墅，以小孩子的眼光来看，住在那个社区就像生活在电影里！9 岁的我对 11 岁的姐姐说："茜茜，我已经厌倦了在蓝领社区玩'不给糖果就捣乱'[①]的游戏，我们应该去菲尔德斯顿。"姐姐说："好极了，托马斯。"于是我和姐姐以及她的两个好朋友从菲尔德斯顿的沃尔多街开始了突击拜访。我们确定了第一个目标——一座

---

① 万圣节时，孩子们会挨家挨户要糖果等礼物，如不遂愿便恶作剧一番。

800多平方米的大房子。

姐姐对我说："你出的主意，应该你先去。"于是我过去敲门。5分钟后，门终于开了，站在我面前的是英国著名演员詹姆斯·梅森。我说："不给糖果就捣乱。"他说："孩子，我没有糖果。"于是我问道："梅森先生，这该怎么办呢？"他想了想，答道："那我把家里所有的硬币都给你。"哇！这是什么意思？门半开着，他转身回了房间。最后，这位友好的男士给了我们两把大大小小的硬币，这相当于我找300户蓝领家庭的收获。我永远忘不了当时的一幕，那就是"富有"这个词的意义。

拜访过梅森先生后，我们注意到马路对面的都铎式别墅亮起了灯。当我们走近时，发现大门上贴着一张纸："孩子们，我丈夫生病了，请不要按门铃，不要敲门，我为你们准备了一些硬币，就放在牛奶箱里。"我想，这家人大概只在牛奶箱里放了几美分，然后就锁上了大门吧。但当我打开牛奶箱时，发现了大宝藏！里面放了20多个商用信封，最上面那个用可爱的黑色字体写着："这个信封里的东西是为1~2个孩子准备的。"牛奶箱里另外还有为3人组、4人组、5人组、6人组、7人组和8人组准备的信封，每种都准备了3个。我们只拿走了其中1个4人组的信封，然后离开了菲尔德斯顿，回家了。20年后，我开始研究美国的财务自由阶层。

找到合适的职业

丹的故事是个例外。他40岁前就实现了财务自由，年收入超过100万美元,他的成功归功于许多要素,当然也与经历了重重困难和失误有关。

丹很有经营生活的智慧,与大多数白手起家实现财务自由的人一样,他找到了合适的职业。对渴望实现财务自由的人来说,能充分发挥才能的工作就是理想的工作。

9段工作经历

丹向我们作自我介绍花了不少时间。介绍到一半时,我以为工作人员联系错了人,差点打断他。我原本认为丹应该是一名极其出色的销售专家,但他的自我介绍却表明他的工作履历很糟糕,换了几份工作,销售业绩一直不佳,甚至被多次解雇。我说服自己听他继续讲了下去,后来证明这是一个正确的决定。在讲述自己如何取得成功前,丹先讲了9段失败的工作经历:

• 第一份工作:从一所顶尖商学院的市场营销学专业毕业后,丹在一家向大型零售商销售计算器和电子表的公司工作。"我似乎一直没有找到工作窍门……卖不出多少东西。两年后,我被迫离职。"

• 第二份工作:丹在一家大型电子游戏生产厂工作,但"还是找不到销售的窍门",大概1年半后,他被要求离开。

• 第三份工作:丹受雇于一家新成立的计算机公司,9个月没有卖出1台电脑,然后他辞职了。

• 第四份工作:受雇于一家小型计算机公司。他还是卖不出产品,几个月后离职。

- 第五份工作：还是在一家计算机公司。他没有完成销售任务，再次被迫辞职。
- 第六份工作："我表现确实不错，因为我不负责销售，而是负责营销。但9个月后，公司因为资金链断裂倒闭了。"
- 第七份工作：丹又找到了一个销售岗位。"我在一家新成立的计算机公司工作，最初的年薪是4.5万美元，最后一年我赚了20万美元！但之后市场行情不佳，公司倒闭了。"
- 第八份工作：丹接受了另一份销售工作，但因为销售业绩较低，公司对他并不满意。
- 第九份工作：丹受雇于一家生产收银机扫描器的公司。"他们让我离开了。"

误以为丹来错地方的不止我一个。当丹介绍完第五份工作后，坐在他旁边的一位研究小组成员哈哈大笑，脱口而出："我再也不想挨着这家伙坐了！"

最后，丹终于找到了合适的工作。6年前，他发现了一种适合自己的职业——营销专家，这与他以前的工作对销售的定义不同。这份工作不仅要求丹紧跟大订单，还需要制订重要的营销方案，了解每一位客户的独特需求，提供详细的建议，重点关注大客户。这份工作极大地提升了丹的判断力，帮助他找到了发展事业的正确方式。丹认为他的工作不只是做一个电话销售员，更多的应该是充当市场顾问。开始第十份工作后不久，丹立刻意识到以前的工作并不适合他，那些只是单纯的销售岗位，而他之所以能在新的工作中不断超越其他销售员，是因为他善于思考，而不是销售。

丹不只是一个战略计划制订者，他还有发现重大商机的非凡能力，并且利用这些机遇创造了数百万美元的利润。在找到理想职业之前，他有9段失败的工作经历，这9段工作经历让他备受折磨。

> 我会坐在车里，漫无目的地驾驶……我确实努力了，因而更加沮丧……我对自己很失望，也辜负了父母的期望。

丹本能地意识到在某个领域一定有一份更适合自己的工作，因此他不断寻找机会，希望能充分发挥才能。他坚信，如果能找到合适的工作，自己一定可以做得更好。

他知道，计算机行业能给优秀的营销人员带来巨大收益，但这个行业范围太大了。就好比要在一家大酒店中找到某个房间，丹只知道酒店的准确地址，却不知道房间号码。丹在计算机营销领域中不断寻找理想的公司、薪酬待遇、产品和目标市场。对于之前9段工作经历，他从不遗憾，甚至认为这些经历推动了他去追寻理想的职业。最终，丹确信自己找到了机会，新的工作让他充分发挥了才能。

或许你会感到疑惑，如果他真的有才能，为什么要在过去9份不合适的工作上浪费时间？丹说，对他而言，要找到理想的职业，必须经历一些不太理想的状态。他知道，如果留在以前的任何一个工作岗位上，最多只能是一个勉强合格的销售员。

> 如果我当时业绩稍微好一点，或许现在仍然在卖计算器或电子表。我的故事之所以出现转机，是因为我不断寻求机会、展望未来、寻找利基市场。

一个销售员因为完不成销售任务多次被迫辞职,后来却成为这个领域薪酬最高、创造利润最多的人之一,在这个转变中,丹最清楚自己为何能成功。

过去的 17 年我一直在寻找……我是一名优秀的信息搜集者,不断寻找机会,以某种方式审视自己的事业,今天的我仍然如此。我找到了这家公司,第一年就赚了 20 万美元。

成功的开始激励丹以专注的态度更加努力地工作。他意识到自己终于找到了商机——目前的雇主定制、生产并分销掌上电脑,他的营销导向完美地吻合雇主的需求。

有一份大客户的订单,我持续努力了 5 年却一直没有结果,去年 12 月我终于收到了他们 3 500 万美元的合同……最终我向客户销售了 6 000 台掌上电脑,得到了 103.3 万美元的佣金。

丹说完这段话后,研究小组中的其他成员不约而同地为他鼓掌喝彩。他们都是白手起家实现财务自由的人,有着类似的经历,丹的故事让他们产生了强烈的心理共鸣。

或许与你想象的正好相反,高强度工作并没有给丹带来巨大压力。大多数最终实现财务自由的人都说,压力是将大量精力投入到与自身能力不相称的工作中的直接结果。在一个与你的能力不匹配的领域内工作,不仅难度高,对心理和身体素质的要求也更高。如果你觉得自己并不适合现在的工作，而且这份工作基本不可能让你实现财务自由，就要承担巨大的压力。

丹告诉我们，相比于在目前的环境中促成一笔上百万美元的大生意，做一个年薪 4.5 万美元的普通销售员压力更大。有两位著名学者研究了工作环境与智商之间的关系，认为与智商稍低的人相比，高智商的人更喜欢靠智力解决问题。

丹在新的工作中表现出众还有一个原因——现任雇主赏识他的才能，而以前大多雇主更喜欢"能敲开门"的销售员。丹富有创造力、分析性智力和理解力，太过深思熟虑，以至于无法在"不必思考、只需行动"的岗位上获得良好的业绩。

有压力的岗位要求一个人能更快、更好地做出自然地应对，深思熟虑和权衡利弊不仅无助于解决问题，反而会增加阻力。在这种情况下，分析性智力与业绩呈负相关关系。

擦亮你的双眼

唐在聆听研究小组其他成员讨论"职业选择和经济机遇"时陷入了沉思。我对唐的发言尤其期待。25 年前，他创办了一家成功的企业，后来又拥有了 3 家非常有影响力的企业。他会如何解释自己连续的成功呢？

> 在座的每一位都相信抓住机遇很重要，虽然我们的经历不同，但都曾遇到一个契机。

这是否意味着取得成功是因为幸运——他们碰巧遇到了足以改变一生的机遇，而不成功的人只是从来没有遇到重要的机会？对于这个问题，研究小组的其他成员都同意唐的说法。

> 每个人都有开创事业的契机，但有些人看不到机遇。要想成功，就必须有能力发现机遇。

唐关于发现经济机遇的看法与成功的战斗机驾驶员埃里克·哈特曼传记中的观点几乎完全一致。哈特曼经常批评飞行员"战斗失明"，他很纳闷，为什么许多飞行员难以发现攻击敌方目标的机会？他们都通过了眼科测试，视力超常，即使远在规定距离以外，也能看清视力表上的每一个字母，但在真正的战斗环境下却常常"失明"。哈特曼说：他们能看见，但没有看见！

这个问题与唐指出的一样。有些聪明人看不到近在咫尺的机遇，就像战斗机驾驶员能在视力测试中得到全优，这些聪明人在学校的成绩也是全优。但除非有丰富的经验、受过培训并且确实渴望看见机遇，否则他们就会一直处于"失明"状态。许多人认为遗传决定了一个人发现机遇的能力，但我坚信普通人也可以被教导看到别人看不见的机会。

在执行了1 400余次战斗任务后，哈特曼的视力并没有变得敏锐，但通过教练的帮助和越来越多实战经验的积累，他发现敌方目标的能力得到了巨大提升。同时，他学会了预测敌方目标最可能出现的区域，然后训练自己将感官集中于那里。他能够在非常远的距离外发现敌机，有时甚至在无线电雷达报警之前几分钟就已经发觉了。

突破盲区

让我们换个角度思考。20世纪70年代,只有不到1.4%的美国家庭收入超过10万美元。根据我对美国人口普查局提供的20世纪70年代的数据所做的分析,与普通美国家庭相比,韩裔美国家庭的年收入达到6位数的概率大约高出3倍。

高收入的韩裔美国家庭异常多,这是因为他们擅长发现别人忽视的经济机遇。从他们的背景来看,这个数据令人吃惊:他们当中的大多数人是第一代移民,没有接受过大学教育,对他们而言,英语是一门外语,并且只有极少数人继承了遗产——他们的收入大多来自自己的努力。为什么一群刚移民到美国的人能发现重要的商机,而大多数土生土长的美国人却看不见?

数年来,我反复地在大学课堂上进行着一项实验。我向学生们提出这样一个问题:美国最具赢利能力的十类小型企业是哪些?他们往往给不出一个正确答案。不是因为他们智商不够高,原因之一是,大多数商科专业教育从未引导学生树立创业的目标。学生们的规划是去大公司工作,对他们来说企业赢利能力是老板需要思考的问题。另一个原因是,大多数学生从未学习过相关知识——这或许是因为大多数教材编写者和教授认为,企业利润数据对学生来说没什么实际作用。

学生之所以看不到这些重要的机遇,还有一个更有说服力的原因。哈特曼说得好:"发现目标的能力来自经验、训练和需求的共同作用。"谁更需要了解众多企业赢利能力的差别?是接受过良好教育、自信且容易就业的本土年轻人,还是那些移民?

答案很清楚，第一代韩裔移民更渴望实现财务上的成功。在他们看来，创立企业是唯一一条可行的快速变富之路。

于是，许多移民进入了赢利能力强、成功概率高的行业。美国有许多韩国人行业协会和韩裔美国人文化组织提供相关择业信息，而且成功的企业主和想创办企业的人之间有一种非正式的人际沟通网络。

20世纪70年代，干洗服务是美国最赚钱的行业。现在，从事干洗行业的韩裔美国人如此之多，以至于干洗行业杂志出版方不得不发行两种版本的杂志——英文版和韩文版。

对敏锐的移民而言，还有其他许多行业是他们的主要目标。只要沿着大街走走，你就能发现韩裔美国人在一系列高利润行业成了主力军，比如果蔬批发零售、修鞋业和便利店等。他们知道，如果能以优势价格提供优质的产品和服务，就更有希望实现财务自由。

仅仅看到是不够的

许多白手起家实现财务自由的人告诉我，能够发现机遇并不代表机遇会自动转化为财富，还有一些条件也很重要。唐简明扼要地总结道：

> 你要相信自己能够抓住机遇并取得成功。

相信自己具备取得成功的能力非常重要。在经济领域中，它可以在很大程度上解释人们的不同表现。反过来，知道自己有很大概率成功，又会增强你的信心。

为什么很多企业成立了一两年就倒闭了？概率问题无疑是原因之一：大多数人选择进入某个行业时并不了解该行业的真实成功概率。请记住，关键不在于你学习了多长时间、多少内容，而在于你学的是什么、它能在商界发挥怎样的作用。

唐还谈到了期望的重要性。有些职业要求一个人必须具备实现成功的强烈愿望。

> 你的内心必须渴望"猎杀"……走出去，抓住机遇，你才有可能矗立在巅峰。

他解释说，"内心渴望猎杀"是一种本能，也是一种职业特征。他相信有些职业、产品或服务能够让人充满激情，如果我们缺乏这种本能，冒险就不可能获得回报。

唐认为大多数人都具备不同程度的猎杀本能，但对许多人而言，终其一生这种本能都处于潜伏状态，因为他们从未遇到理想的职业或经济机遇，所以这种巨大的潜能从未被开发。在唐的4家公司中，每一种产品都是他所热爱的。他喜欢根据市场需求构思产品，对产品研发、设计和营销有着强烈的激情。他说，如果没有这种巨大的情绪能量，他的产品构思没有一项会实现。

唐利用自己的情绪能量，把在别人看来很艰苦的工作变成了一种乐趣。作为一位年轻的创业者，他很少把自己所冒的风险和牺牲的娱乐时间放在心上，他通过专注于令他兴奋的工作来控制负面情绪。

从唐的经历中我们能够学到：从事能够唤起内心积极能量的

工作，更有可能获得高收入。收入水平对一个人的工作状态影响很大，一个人的热情和销售能力也可以改变收入水平。然而，过于强烈的情感可能使人盲目行动，赢利能力也可能被高估，这时就需要客观的第三方评估。见多识广的注册会计师或律师是可信赖的顾问，他们是非常有价值的资源，在区分情感因素与现实条件方面有丰富的经验。唐的会计师就是他的主要顾问之一。

除了上述情绪能量之外，一位研究小组成员还指出了唐取得成功的其他原因：

> 唐能对他的产品做出最恰当的解释……在介绍公司、技术和产品方面，他做得非常好。
>
> 他了解满足市场需要的技术，也知道如何利用这些技术使消费者受益。

一些人热衷于独特的产品创意，这种热情可能使他们对市场需求的认识产生偏差，而唐的热情不仅限于产品，还有对市场需求的评估。通过设想自己提供的技术能为消费者解决何种问题，他获得了无穷的动力，这也正是他能取得成功的根本原因。他有巨大的热情，当产品满足了市场需求时，他由衷地为之感到振奋。

市场是自由的。能满足市场需求的人，无论高矮、胖瘦、男女、何种肤色，都会得到市场的回报。正如研究小组中的一位成员所言："公司的员工必须看起来体面，而创业者却不必如此。"

唐认为，公司聘请的经理是公司的形象代言人。他们象征着优秀与卓越，所以必须脚踏实地、接受过良好教育、衣着得体、英俊潇洒、风度翩翩并善于表达，但他们未必有强大的竞争本能和开拓市场的成功创意。

  我成长于一个蓝领家庭，大学学的是应用物理学，毕业后进入了一家大公司工作……一直梦想着做公司高管。
  经理在公司架构中的角色并不像我想象的那么理想。我曾经很向往这个职位，但当我有机会接近并了解他们的具体工作后，我非常沮丧。我改变了想法，29岁时创办了自己的公司。

唐在工作中了解了企业的运营方式，同时也明白了为别人打工永远不能"点燃自己的热情"。但工作经验帮助他找到了最适合自己的职业，没有这段工作经历，唐或许永远不会决定自己创业。

第 6 章　选择配偶

> 选错了配偶，每天度日如年；选对了配偶，生活幸福富裕。

有几位会议活动策划人曾告诉我，美国每年要举办 5 场最具影响力的商业会议，能够获得其中任何一场会议的邀请成为主要发言人，就意味着你成了真正的"演讲明星"。受邀在其中一场会议上发言时，我有些紧张。向我发出邀请的是"百万圆桌会议"，一个由世界一流人寿保险代理人组成的行业会议。

当时，我还是佐治亚州立大学的教授，但发言人遴选委员会的负责人从《华尔街日报》上看到了关于我的介绍后，希望有一个研究财务自由群体的专家给他的同行做一次演讲。我从未想过自己有机会成为"演讲明星"，但在那场会议上，我和几位杰出的演讲者一起，站在了 1.4 万名参会人员面前。

参与那次会议的演讲者中，有一位曾经是职业橄榄球运动员，尽管他曾在战争中负过伤，但这并不影响他创造辉煌的职业成绩。

他为人有趣且务实,曾先后4次参加超级碗比赛,此后从职业橄榄球运动员成功地转型成了知名演讲家。他表现卓越,因此总能得到高额酬金并有资格选择客户。很少有人能在某个专业领域成为明星,之后又在另一个完全无关的领域获得成功。我猜想他可能拥有非同寻常的天赋,日后必定会获得财务自由。

出人意料的是,此后我再没有听到他的任何消息,直到看到报纸上的一则新闻,标题是"超级碗冠军戒指得主破产"。

> ……(他)曾战胜了战争留下的创伤,参加了4次超级碗比赛……根据《破产法》第7章申请破产……以支付联邦税款。

文章继续写道:

> 他的前妻……起诉(他)逃避应该支付给她的837 948美元,那是出售他们共同房产所得的一部分。

在他递交的破产申请书中,他表示已经"以现金和房产形式向前妻支付了130万美元"。难道他的经济状况逆转与离婚有关?

离婚通常对于一个人的净资产状况有灾难性的影响,无论这个人是否富有。在美国,92%的财务自由家庭由夫妇组成,这些在财务上取得成功的夫妇的离婚率只有普通夫妇离婚率的30%左右。离婚虽然不能排除一个人保持财务成功、实现财务自由的可能性,但它可以显著降低这种可能性。

财务自由的人们拥有一种经营生活的智慧,表现在婚姻方面,就是能够选择志同道合的人生伴侣。这让他们有能力面对那些一个人难以承受的困难和压力，获得事业上的成功。

婚姻影响财富水平

婚姻的长久度与财富水平显著相关。珍妮特·威尔莫斯和格雷戈尔·科索发起的一项针对1.2万名受访者的研究特别富有启发性。她们发现，婚姻稳定的人财富水平明显更高，而那些长期未婚的人成年后财富水平较低。

婚姻状态如何影响一个人的财富水平呢？珍妮特·威尔莫斯和格雷戈尔·科索领导的研究指出，合法婚姻有明确的制度化特征，既有助于积累财富，也会影响婚姻关系中的分工。同时，某些经济模式只存在于已婚夫妇家庭中。婚姻长久度与财富水平之间的正向相关关系非常稳固，这种规律适用于美国不同教育层次和不同收入水平的人群。

财务自由者与婚姻

如果现在美国所有财务自由的夫妇立刻离婚会怎样？我估计，原有的财务自由家庭将会减少1/3，因为家庭资产会被分割，开销会翻倍，律师费也大大增加了。但就像其他人一样，他们维系婚姻不仅是出于经济原因。具有经营生活智慧的人有一种独特的能力——能够选择具有相应特质的配偶。这些特质对他们保持长久的幸福婚姻特别重要，并且与财富积累直接相关。

能够与配偶携手一生的人通常是富有同情心、宽容、有耐心、通情达理、自制力强而且品德高尚的人。夫妻之间有相似的兴趣爱好和价值观也有助于维系婚姻，你可能会像蒂娜·特纳那样问："这与爱情有什么关系？"幸福婚姻的基础是深厚的情感，但情感也会影响一个人的理性判断。也许你深爱的人缺乏耐心、不够通情达理，但你仍有可能受情感左右而给对方很高的评价。只有经过长时间的相处，人们才能认识到配偶的缺点。

我研究过的财务自由者似乎拥有一种不可思议的能力，可以在投入感情前客观判断未来的配偶是否符合他们内心的标准，这决定了他们是否能够终生维系婚姻。那些结婚25年、35年甚至50年的典型财务自由者聊起他们的配偶时，提到了许多关键词：

务实　情感支柱　无私　有耐心　有正统的价值观　通情达理

我不禁想到一个问题——你的配偶最初吸引你的是什么？

受访者通常会提到外表的吸引力，但这并不是唯一的原因。大多数财务自由的人说，他们对配偶的某些特质有一种直觉上的感应。

就像芭比和福里斯特，他们已经结婚超过35年了，经营着3家制造公司，4个孩子都已成年，生活非常幸福。

芭比从小生活在美国西部堪萨斯州的一个小镇上，福里斯特在南部佐治亚州的一个农场长大。一个来自西部的小镇女孩和一个来自南部的农村男孩是怎样在波士顿的大学校园相识的呢？芭比和福里斯特的家庭背景都很普通，但他们高中时非常优秀。家人为供他们读大学做出了很大牺牲，他们也都申请到了奖学金。福里斯特上的是麻省理工学院，芭比就读于韦尔斯利学院。

从一开始，福里斯特就被芭比吸引住了。她聪明迷人，但令福里斯特印象最深刻的是她的衣着。她的衣服是母亲手工制作的，这透露出她的家庭条件很普通，但尽管如此，父母还是把她送进了美国顶级的女子高校。福里斯特推断，芭比和她的父母朴素而务实。福里斯特是一个背景普通的农村男孩，芭比也对他能够考上麻省理工学院很有触动。

他们在选择理想伴侣这件事上都很谨慎，而超过 35 年的婚姻生活也证明他们当初的选择是正确的。芭比和福里斯特非常契合，一起经营家族企业。婚后，在购买昂贵的消费品和积攒资金创业之间进行权衡之后，他们选择了创业。

把钱全部花在买衣服和汽车等昂贵的消费品上，是无法致富的。把消费品作为身份地位的象征，而忽视对企业或上市公司股票的投资，永远成不了财务自由者。芭比和福里斯特从节俭的父母那里学会了这些道理。

志趣相投最可贵

共同兴趣更有助于长久地维系婚姻，而且婚姻的长久度与净资产水平显著相关。不过，如果一对夫妻都喜欢大肆消费，婚姻也能维持很长时间，但不太可能实现财务自由。

所以，夫妻共同的活动和兴趣类型是关键。建立与实现财务自由有关的兴趣很重要，比如制订家庭预算、计划投资、制订财务目标、一起创办企业等。具有这些共同兴趣的夫妻更有可能实现财务自由。对他们而言，用投资收益购买昂贵的新车比用劳动收入购买更切合实际。

最近我碰到一个老朋友，他刚花 2.3 万美元买了一条船，买船的钱是他在一家上市公司投资的分红。他和妻子结婚 12 年了，两个人都喜欢划船，还喜欢一起制订家庭预算、研究投资和制订长期财务目标。对这对夫妇而言，一起划船特别愉快，购买这条船也没有影响他们积累财富。它是一个奖励——当积累的财富超过一个阶段目标时，他们就会相互奖励。10 年前他们购买了一家上市公司的股票，买船的钱只是这笔投资收益的一小部分。在投资方面，除了投入金钱以外，他们还拿出部分时间研究财经杂志《价值线》上的股市评价，由此发现了这个特别的投资机会。他们甚至不必花钱买这份杂志，当地图书馆的书架上就有。

对渴望实现财务自由的夫妇而言，在财富积累方式上达成共识非常关键，最常见的方式是开办一家家族企业，就像弗格森夫妇一样。他们两人都没有上过大学，但家庭净资产超过了大多数有本科学历的人。他们都志向远大，工作努力，热切渴望实现财务自由，所以能比大多数夫妻更早退休。他们认为拥有自己的企业最有助于实现财务目标，于是非常慎重地选择了理想的行业——洗车，这个行业赢利潜力很大但被许多人忽略，竞争者很少。弗格森夫人告诉我：

>感谢您没有将洗车列入能够白手起家取得财务自由的行业……关注的人越少越好。其实这个行业有许多人白手起家实现了财务自由。

人们经常问我创办一家企业需要多少投资——他们认为肯定需要很多钱，要赚几百万美元就需要投入几百万美元。但弗格森夫妇的判断是，如果从规模较小但运营效率高的生意起步，就无须投入太多。弗格森夫人说：

>在我26岁、我丈夫29岁时，我们从公公婆婆那里借来5 000美元，租下了一家经营全套洗车服务、濒临倒闭的洗车店。

5 000美元的资本让弗格森夫妇进入了洗车行业。这是一项明智的投资——13年后，他们以75万美元的价格转让了那家洗车店。大多数已婚夫妇不会花钱收购一家濒临倒闭的洗车店，这样的生意看起来不够光鲜、不能彰显身份地位，但这一点从来没有困扰过弗格森夫妇。顾客们称他们为"真正的蓝领"，他们也从不在意。

信念是弗格森夫妇的力量来源之一。当有人质疑"洗车"这个职业选择时，他们反驳道：

>大多数洗车店老板（包括我丈夫和我）可能比受过大学教育的顾客都富有。从长远来看，这些牺牲都是值得的。

弗格森夫妇将没有上过大学的劣势转化成了一种优势。他们比大多数受过良好教育、衣着体面的顾客积累了更多财富，并以此激励自己更加节俭、努力工作。在连续多日阴雨、没有一个顾客的艰难日子里，他们提醒自己，从长远来看，这不过是小小的挫折而已！

择偶观

收入和财富水平既不是影响财务自由家庭婚姻的最重要因素，也不是影响他们对配偶产生兴趣的首要因素。

怎样经营一段长久而美满的婚姻？为什么大家都对这个问题感兴趣？在离婚率较高的美国，多数财务自由夫妇婚龄长达28年，其中有1/4的夫妇婚姻超过了38年。这些人的生活经历确实给我们带来了一些启示。

为什么这些人能实现财务自由？因为他们在人生中的几个重大问题上做出了正确的选择，其中之一就是选择配偶。在财务自由家庭的成功婚姻案例中，大多数人认为配偶的外表吸引力不是非常重要。在对研究小组的采访中，几乎所有的受访者都谈到了外表吸引力，说明在一定程度上它确实有助于婚姻的美满，但也有受访者表示："如果能够选择，我更可能被一个聪明、诚实、无私、理性的人所吸引。"

这就是大多数追求财务自由的人对外表吸引力的态度，他们从未想过仅仅因为外表而与某人结婚。

他们认为，除了智商，还有一些要素必须考虑，比如真诚、乐观、情感以及是否可信赖等。他们是如何获得选择理想伴侣的能力的呢？在这一点上，88%的受访者表示，在校时他们学会了准确地评判他人。在校经历让他们对人的品质产生了敏锐的直觉，与社会背景不同的同学沟通越多，越有助于在选择未来的人生伴侣时做出准确的判断。这个人是否真的真诚可信？在选择配偶的过程中，这是一个非常关键的问题。

作为父母，你是否曾鼓励孩子留意追求者的真诚度？这里的关键问题是，追求者是否对所有人都真诚，而不仅仅是对他们重视的人。留意他们如何对待其他人，他们的真诚是因为天性和教养使然，还是只在对自己有利的条件下才这样表现？

聪明的人并非具备所有的优秀品格，高智商的人通常更擅长掩饰缺点。有些人过于关注追求者的智商，以至于忽略了对方的其他特质，比如是否真诚、乐观、品德高尚等。

配偶的重要特质：男性视角和女性视角

为什么大多数财务自由夫妇能够长久地维系婚姻？因为夫妻双方都对婚姻有着深刻的认识。美满的婚姻得益于多种要素的共同作用，关于配偶应具备的特质，夫妻双方观点也基本相同。

首先，99%的男性和94%的女性都表示诚实最重要（表6-1）。关于其他4种品质的评价，双方也十分相近。96%的男性和92%的女性认为配偶应该"有责任感"，认为配偶要"有爱心"的男性和女性占比相当，都是95%，绝大多数的男性和女性相信配偶应该"有能力"并"乐于助人"。这5种特质都是有助于婚姻长久而美满的重要因素。

表 6-1　有助于婚姻美满的 5 种特质
（认可某种特质的人所占百分比）

配偶的特质	所有受访者（%）	男性（%）（样本数：625）	女性（%）（样本数：73）
诚实	98	99	94
有责任感	95	96	92
有爱心	95	95	95
有能力	95	95	96
乐于助人	94	94	91

这些观点耐人寻味。很多财务自由夫妇一起生活了近30年，并且收入都很高。不管是丈夫还是妻子，在解释家庭高经济产出的原因时，答案总是一致的：每个人都会给予对方充分的信任。

S 先生是一位创业者，他在研究小组的访谈中谈到了自己取得成功的重要原因。他非常清楚地表示，如果没有妻子长达 38 年的支持，他的事业就不会如此成功。

> 我十分敬佩我的妻子，如果没有她，我们就不会那样成功。我们有 5 个孩子，但我从来不用专门陪她或者任何一个孩子去看医生。她默默承担了这一切。

绝大多数财务自由者同意 S 先生的观点，他们的故事有一些相似之处。他们都认为配偶非常支持自己，而为了回报配偶的支持，他们必须诚实、有责任感、有爱心、有能力。在财务自由群体中，这些是婚姻美满的基本要素。

唐白手起家实现了财务自由,他向我介绍了他的妻子。这位女士乐于助人、有责任感而且能力出众。唐29岁时,询问妻子对于创业的意见。他坦率地说,自己可能不得不做出某些牺牲,首先必须辞去薪酬颇丰的工作。

> 我的妻子问:"如果赚不到钱怎么办?"我说:"那么,我会再去找份工作。"她说:"好的。"

唐初次创业两年后以失败告终,但妻子从未抱怨过。他重新做起了公司职员,5年后带着妻子的祝福和鼓励再次辞职。唐又创办了一家企业,这家企业的发展非常成功。后来,他又创办了3家企业。

唐认为妻子非常有能力并且有责任感,妻子在承担了所有家务之外,还给予了他很多其他方面的帮助。妻子虽然没有技术专长,但一直积极主动地学习企业经营管理。今天,唐充满骄傲和钦佩地说,他创办的4家企业中,一半都是由妻子管理的。

> 我们已经结婚30年了,真的不能想象没有她会怎么样……我是那种固执、任性的人,她则稳重、冷静。

唐和妻子是完美的一对,都了解并尊重对方,具备获得高收入和维系长久婚姻必不可少的特质。他们彼此忠诚,有责任感,相互关爱和支持。

有一种特质得到了财务自由者的高度认可,几乎所有人都表示"高智商"是一个重要因素(表6-2)。我曾经请一组(共10位)财务自由者评价配偶,"高智商"被反复提及。当这些财务自由者说配偶智商高的时候,具体指的是什么呢?

> 我的妻子有学习和适应任何事物的能力。现在,她管理企业的能力比我强多了。

在美国财务自由家庭中,90%的丈夫和85%的妻子有大学学历。女性的表现尤其出色,大约80%的人在班级排名中位于前25%。当然,除了排名,还有其他衡量智商的方法。不管怎样定义,财务自由者大都认为自己的配偶非常聪明。

那么其他的要素呢?如表6-2所示,95%的财务自由者因为"真诚"而被未来的配偶吸引,看起来这些人的眼光都很好,真诚对婚姻非常重要。

表6-2 配偶最初吸引财务自由者的5种特质
(认可某种特质的人所占百分比)

配偶的特质	所有受访者(%)	男性(%) (样本数:625)	女性(%) (样本数:73)
高智商	96	95	99
真诚	95	95	95
乐观	92	93	83
可靠	92	92	91
重感情	91	92	88

大多数受访者婚后 30 年的生活印证了其早期对配偶评价的准确性。那些在恋爱早期让人觉得可靠的人，在日后的婚姻生活中展现出了强烈的责任感。"可靠"是这种责任感的最初表现。

高收入的吸引力：男性视角和女性视角

在彼此吸引和促成婚姻方面，获得高收入的潜力有什么作用？关于配偶的财产，男性和女性持有不同观点。

认为配偶的"高收入潜力"有助于婚姻美满的女性比男性高 4 倍。49% 的女性表示高收入很重要（表 6-3），与此相对，只有 12% 的男性认为配偶的收入对婚姻是否美满有显著影响。

人们常说，收入不等于财富，金钱买不来幸福。大多数受访者并没有把"富有"作为择偶的必要条件，但认为"富有"对婚姻很重要的女性约是男性的 3 倍（表 6-3）。

尽管如此，这也并不意味着如果破产，美国的大多数财务自由夫妇就要离婚。

大多数受访者更关注财富和收入之外的东西，他们反复告诉我，诚实、有责任感、有爱心、有能力、乐于助人这些特质是使婚姻美满的重要因素，是金钱无法取代的。

女性对配偶的收入和财富状况更为敏感，大多数财务自由家庭的妻子更倾向于将主要精力放在家庭上，男性多为家庭收入的主要来源。

大多数男性受访者也认可这一点，不过有 12% 的人持有不同观点。

表6-3 男性对比女性：促成婚姻美满的重要特质
（认可某种特质的人所占百分比）

配偶的特质	男性（%）（样本数：625）	女性（%）（样本数：73）
诚实	99	94
有礼貌	91	84
乐观	88	80
外表	88	80
品德高尚	88	71
无私	86	74
整洁	69	55
节俭	46	39
高收入	12	49
富有	12	37

表6-4中记录了财务自由家庭中男性和女性的主要差别。有13%的男性表示配偶的"高收入潜力"是最初吸引他们的重要因素，而受收入因素影响的女性（59%）则明显多于男性。有23%的女性、9%的男性认为"富有"是重要因素，在这一点上女性的比例仍然高于男性。

有趣的是，与"富有"相比，更多的人认为"远大抱负"更重要，而且"自律"和"安全感"对女性尤其重要，男性更容易被衣着得体、品德高尚、乐观、充满活力的女性吸引。

对于嫁给"潜力股"的女性来说，吸引她们的不只是对方的智商、真诚、乐观、可靠和重感情，还有男性的高收入潜力和远大抱

表 6-4　男性对比女性：最初吸引财务自由者的特质
（认可某种特质的人所占百分比）

配偶的特质	男性（%） （样本数：625）	女性（%） （样本数：73）
乐观	93	83
充满活力	87	80
衣着得体	80	60
品德高尚	79	61
自律	71	82
安全感	71	81
远大抱负	48	82
节俭	34	23
高收入潜力	13	59
富有	9	23

负。近80%的女性表示，婚前富有并不重要。当然，在这些女性的陪伴下，她们的丈夫最终实现了财务自由。

在选择配偶时，男性心中也有5个衡量标准，但许多男性并不想在金钱、收入或财富方面同配偶竞争。他们希望配偶智商高，但被"高收入潜力"或"远大抱负"之类的特质吸引的可能性很低。

选择和放弃的原因：男性视角和女性视角

最终实现财务自由的人们如何认定某个人可以成为理想伴侣

呢？首先，他们的判断标准与促成美满婚姻的标准一致；其次，他们能够准确判断对方能否真正达到这些要求。在实现财务自由之前，他们就已经据此做出了正确的选择。

但是为什么很多人做不到呢？其实确立正确的判断标准很重要。如果标准是错误的，寻找合适的配偶也就无从谈起了。在选择配偶时，普通人的标准是什么？与实现财务自由的人的标准有什么区别？

加利福尼亚大学洛杉矶分校的贝琳达·塔克博士发起了一项重要研究，研究对象是从大众中随机抽取的3 407名年龄在18～55岁的成年人，研究内容就是成年人选择配偶的标准。

1997年美国心理学会全国代表大会上，塔克教授发表了她的研究成果。

她发现，与其他要素相比，普通男性更重视对方外表的吸引力，其次是收入潜力。而男性财务自由者认为，促成婚姻美满的重要因素是诚实、有责任感、有爱心、有能力和乐于助人。所以，如果选择了一位迷人的高收入女士，但她并不诚实、没有责任感、没有爱心、没有能力，也不乐于助人，那么这桩婚姻或许很难如预期那样美满。

塔克教授的研究还揭示了普通女性的择偶标准。薪酬收入的排名最靠前，超过了外表吸引力、教育程度和职业。这与女性财务自由者的择偶标准也形成了鲜明对比。大多数女性财务自由者表示，要维系长久的婚姻，配偶的诚实、智商和抱负比收入更重要。

将财务自由的人与普通大众进行对比，确实在一定程度上揭示了普通人离婚率如此之高的原因。塔克教授称："普通人对婚姻关系的判断和维系这种关系的意愿，与配偶的物质贡献强烈相关。"

塔克教授还发现，无论男女，普通大众都会认真考虑是否与失业的配偶离婚，这与财务自由夫妇的观点截然相反。请记住，为了创造更多财富，一个人或许不得不放弃长期稳定的高收入工作。以积累财富为目标的夫妻认为量入为出的生活很正常，他们将省下来的每一笔钱都用于投资。许多白手起家实现财务自由的人都有类似的经历：

> 我被解雇后不久创办了自己的企业……花光了我们的积蓄。在最初短暂但又漫长的几年中，是配偶的收入让我们坚持下来。

另一位和丈夫一同创办公司的女性说：

> 我不会因生活节俭感到羞耻……我们并不吝啬，只是确实想创业。我们拒绝像邻居那样陷入消费陷阱，他们的年收入看起来远高于我们，但到了退休年龄时我们会更富有。

这位女性很不平凡，她从没想过因为收入问题而违背自己结婚时的誓言，这是她和丈夫今天能够实现财务自由的原因之一。他们坚韧不拔，同甘共苦，一起度过了收入微薄的漫长岁月。如果收入成为阻碍他们在一起的主要因素，他们或许永远无法实现财务自由。他们的价值观相同，那么相信为了实现财务自由而做出短期牺牲是值得的。

塔克教授发现，在所有选择配偶的标准中，男性习惯将外表吸引力放在首位。但对大多数以实现财务自由为目标的人而言，外表只是众多影响因素中的一个，而且不是最重要的那个。

或许，离婚率居高不下与许多人过分重视外表有关。一个人在结婚时或许是迷人的，但如果不能保持下去，可能在配偶看来就有了离婚的理由，这就是美国许多脆弱婚姻的现实状态。根据塔克教授的研究，当一个人同时失去外表吸引力和工作时，配偶提出离婚的可能性会更高。

维克托与萨莉

维克托·甘兹和萨莉结婚50年了，两人十分低调，但热衷于艺术品收藏并全身投入，每周六都要去参观美术馆。通常，当他们抑制不住要购买艺术品时，就会做出一些"牺牲"，比如放弃购买衣服。

甘兹夫妇的艺术品收藏在佳士得拍卖行拍出了超过2.06亿美元。其中一幅毕加索的画作，1941年甘兹先生最初购买时只花了7 000美元，而在拍卖会上以4 820万美元的价格售出。

他们经营长久且高经济产出的婚姻，不仅基于彼此的吸引力和收入，还基于其他因素——他们都爱好艺术，都愿意为购买高品质的艺术品而放弃消费。他们还享受着"实惠的约会"：每周六参观的美术馆绝大部分都是免费的。

经济援助

我在《卫生经济学》上发表了一篇文章[1]，一周后一位白手起家积累了千万资产的人给我打来电话，说这篇文章他看了3遍，并且很赞同文中的一句话：财富来自努力工作、坚持不懈和高度自律。

他尤其认同一个事实：美国大多数实现财务自由的人是白手起家的，生活非常节俭。在讨论中我还强调了一点，大多数财务自由者没有接受过亲属的现金馈赠或其他经济援助。他特别想了解经济援助和接受者之间的关系，他说："我必须仔细研究你的文章，你可以给我发一份复印件吗？"

他想和他的3个女儿分享我的文章——一个女儿在法学院读书，一个最近刚从一所顶级大学毕业，还有一个在读大学四年级，她们都有稳定的男朋友。但根据他的判断，这3个小伙子都需要一些指导。

这位资产过千万的富人确信，女儿们的男朋友都清楚他非常富有，这些年轻人很容易被家庭富有的人吸引。他认为这些追求者的变富之路很可能会以"别人的钱"开始，也将以"别人的钱"结束。

他认为自己必须要做些什么来帮助女儿们重新审视自己选择配偶的方式，这就是他请我发送文章的原因。他给3个小伙子每人发了一份文章复印件，这些文章讨论的主要是努力工作、自律和节俭的重要性，以及过分关注经济援助的不利影响。他非常明确地告诉我，这是一个让他们明白自己得不到经济援助的好办法。

---

[1] 参见托马斯·斯坦利的《你理应更富有》，《卫生经济学》，1992年7月（Thomas J. Stanley, "Why You're Not as Wealthy as You Should Be", *Medical Economics*, July 1992）。

是的，如果哪个追求者因此突然对女儿失去兴趣，就可以判断那个人仅仅是被财富吸引而来的。

那么，3位追求者对女朋友突然失去兴趣的概率有多大？根据我的研究，这种概率极小。在富裕阶层中，只有大约9%的人表示，最初被伴侣吸引是因为对方父母很富有，但他们也认为其他因素更重要。事实上，没有一位以财务自由目标的人仅仅因为"富有"而被伴侣吸引。至少有80%的人被吸引是因为对方真诚、务实、聪明、深情、可靠、有担当、睿智、乐观和有安全感。

财富导向型的女性

如果女性仅仅是被伴侣的财富吸引会怎样？在财务自由夫妇中，大约有23%的妻子表示自己最初确实是因为"富有"这一点而被对方吸引，相应地，有9%的丈夫也是如此，女性的人数是男性的2.5倍。一些男性财务自由者的父母常常担心，和儿子约会的女孩是不是只对家产感兴趣。但数据表明，那些以财富为择偶导向的女性认为其他因素也相当重要。超过90%的女性表示，她们被未来配偶的真诚、聪明、深情、可靠、有担当、睿智、乐观、有安全感和高收入潜力所吸引，85%的女性被配偶的远大抱负所吸引。

总体而言，大多数结了婚并且依靠自身的努力和才能实现财务自由的人不太在意配偶的父母有多少钱。他们很睿智，基于对方的个人特质选择配偶无疑是正确的。许多财务自由者告诉我，配偶父母的经济状况与他们的选择几乎没有关系。

在美国，有一条简单的财富准则：永远不要妄想靠别人的钱实现财务自由，否则注定会受到打击。

佩姬出身于工薪阶层家庭，获得了一所知名大学的学士学位，她充满魅力，非常迷人。父母希望她能嫁入富有的家庭，他们认为职业地位高的人财富水平也高。在他们看来，医生、律师、会计师和公司经理都很富有。不过，佩姬忽视了一条财富规则：

第一课：如果你想和家境富裕的人结婚，首先要确定对方的家庭确实富有，而不只是看起来富有。

佩姬选择的丈夫家世显赫，是社会名流的直系后裔，他的父亲是一位非常有名的社区商业领袖，并且与母亲一样都热衷于参加各种高尚的活动。他们住着大房子，开着豪华轿车，是知名乡村俱乐部的会员，他的妹妹还是美国少年联盟的成员。

但正如莎士比亚所言："发光的不一定是金子。"佩姬分不清金子和黄铜的区别，被对方表面的光鲜迷惑，接近并最终嫁给了这位年轻人。直到婚后，佩姬才发现真相：许多年前，丈夫的家庭就已经陷入财务困境，他们只是勉强维持着家族颜面。她原本以为自己和丈夫会得到一所房子，但最终落得一场空。丈夫告诉佩姬，她必须出去工作。

这段婚姻只维持了不到3年。受到过去养成的习惯和思维定式影响，佩姬决定要继续接触并嫁个富人。为了找到合适人选，佩姬去了一家大型信托公司工作，遇见并嫁给了公司的一位客户——一个比她大很多的男人。这次她做出了正确的选择，嫁给了一位千万资产的富人。现在丈夫工作，她享受；丈夫赚钱，她消费。看似达成了微妙的平衡,但这位千万资产的富人能一直满足佩姬的欲望吗?我们拭目以待。

> 第二课:即使配偶的父母非常富有,你和你的配偶也可能得不到任何遗产或者经济援助。

不是所有的富人都会为子女提供经济援助,一些人甚至不会给子女留下任何遗产,46%的人未曾收到过代际间传递的财产。

大约有1/3嫁入豪门的女性称,她们从丈夫的亲属那里得到的财富平均约有40万美元。如果按照婚姻年限平摊,大约为每年13 333美元。当我第一次和同事提起这项数据的时候,他一针见血地评论道:"在麦当劳工作30年收入会更多!"

你或许不以为然,但事实难以反驳。大多数为了别人的钱而结婚的人面对现实时都会震惊。有些人的家庭只是看起来富有,但实际上可能并不愿意为子女、媳妇或女婿以及其他人提供经济援助。许多富人相信,经济援助会使一个人丧失抱负。

财富导向型的男性

在经济援助方面,财富导向型的男性似乎会比女性获得更多好处。只有大约1/3财富导向型的男性表示自己的家庭没有获得经济援助或继承遗产,平均而言,大多数人从双方的家庭得到过70万美元的财富。

与财富导向型的女性相比,财富导向型的男性为什么能从婚姻中受益更多？答案就是：

> 第三课：当财富导向型的男性娶了富家女孩后，约有 1/2 的女孩成了家庭主妇，这些富家女孩的父母很有可能为女儿提供经济援助；相反，大多数财富导向型的女性嫁给高经济产出男性后，男方的父母并不会给儿子多少经济援助。

事实表明，一个人可以通过结婚获得既有的财富或未来的收入，但二者常常不能兼得。

> 第四课：富人更愿意为孙辈提供经济援助，而不是提供给女婿或儿媳。

如果你和富人的子女结婚，最好做好收不到任何经济援助的准备。对大多数（超过 80%）财务自由者而言，财富从来都不是影响他们选择配偶的重要因素，也不是促使婚姻长久、美满的重要因素。

爱情的底线

我曾问白手起家实现财务自由的亨利会不会和女友萨莉结婚，他坚定地回答"会"。然而恋爱 7 年后，他结束了这段关系。是的，他们彼此相爱，看起来非常合适。他们有很多共同点，生活方式相同，观念和爱好很相近，喜欢相同的食物和饮料，都喜欢买衣服。

但在这7年中，他们之间发生了一些事——亨利发现，他挚爱的女友隐瞒了至少3.5万美元的未偿还债务。更严重的是，她至少拖欠了2万美元贷款。未偿还债务中有信用卡欠款、汽车贷款和商店信用账户欠款，所有的未偿还债务都已逾期。

有一次，萨莉申请贷款时将亨利列为了信用证明人，一位贷款人因为找不到萨莉而联系了亨利。自从贷款获批后，萨莉已经数次更换地址，她很清楚自己已经违反了贷款协议。她也没有偿还任何助学贷款，尽管在许多年前她就读完了本科和研究生。

几位贷款人都试图向萨莉收回欠款。在这些事实面前，亨利震惊了。萨莉从来没有透露过她有信贷危机。事实上，她的所作所为一直表现出财务状况良好的样子：她有一份收入不错的工作，开着新车，穿着华丽的衣服。

当亨利询问时，萨莉却说这些不足为惧，自己正打算好好处理这些债务。但当亨利追问细节时，她才说出了具体欠款数额。

萨莉说，她有一个简单的还款计划，几乎就要奏效了。她知道亨利经济状况不错，是一家公司的副总裁，有不少存款。萨莉认为这是解决自己危机的关键。她想，只要亨利和她结了婚，她就可以用亨利的钱偿还债务了。

结婚前萨莉本不打算告诉亨利这些问题，但没料到亨利提前发现了真实状况。萨莉认为，一旦亨利在婚礼上承诺"我愿意"，就不会在意她的信贷问题，但她的如意算盘打错了。亨利认为她严重失信，抛开她的伎俩不谈，亨利也不想和一个身负超过3.5万美元债务的人结婚。事实上，这预示着更严重的问题——萨莉对金钱和信用完全不负责任。

亨利结束了这段关系，他变得更明智了，对婚姻的看法也有所改变。他发誓，在核查对方的信用记录之前，不会和任何人结婚。他十分乐意向未来的配偶提供自己的收益表和资产负债表。如果这些信息出现了问题，婚前发现总比婚后发现好。

这个案例非常具有代表性，几乎所有接受调查的财务自由者都认为配偶的"诚实"和"责任感"是婚姻美满的重要保障。萨莉很不明智，她错误地认为亨利对她的爱强烈到愿意帮她偿还债务，但这不仅仅是债务问题，没有人愿意和一个别有用心的人结婚。

邂逅理想伴侣：我的故事

许多已婚夫妻会珍藏恋爱时的照片或者第一次约会时看的电影、足球赛的票根。我也有这样的纪念品，但还有一些更为特别的东西。在大学授课的 20 年间，我只保留了一个学期的学生成绩单，并放在办公桌最上面的抽屉里。这不仅是我恋爱时的重要纪念，也是我的幸运符，时刻提醒我自己是一个非常幸运的男人。

一般说来，运气确实有助于促成美满的婚姻。我非常幸运地找到了我的妻子珍妮特。与她相遇前，我并没有打算谈恋爱。当时我 24 岁，是田纳西大学的一名教师，秋季学期时被安排教一个班级的市场营销学课程，上课时间是每周一、三、五的下午 2:20—3:10。

班上的漂亮女生很多，但我很快就留意到了珍妮特，她很特别，不仅迷人、衣着得体，而且上课很专注。我有很好的机会深入了解她，她看起来很有可能成为一名理想伴侣。

当时我的工资不高，福利也不算丰厚，但那个学期的任教经历使我终身受益。配偶的良好特质比财富更重要，而珍妮特近乎完美。婚后的3年里，珍妮特和我挤在一所小公寓中。当时我正在读博士，每年的补助有3 600美元，只能租一所小房子。珍妮特愉快地接受了大学的文秘职位，年收入4 500美元。读博期间学业要求严格，因此我们没有太多机会出去消费，钱不太多似乎也是一件好事。

除了白天的工作，珍妮特还要帮我打字，所有的文章和论文都需要打印，但她从来没有抱怨过。第一次和学位论文答辩委员会开会讨论时，他们希望我重做论文的研究计划部分——这部分内容有100多页。那天是星期五，当天下午我就开始重写。珍妮特下班回家后，问起委员会对我的研究计划有什么看法时，我将情况如实地告诉了她。

珍妮特是怎么做的呢？她利用那天晚上和星期六的时间将我重写的研究计划又打了一遍。我从未向她寻求帮助——但她乐于助人。她不仅在家庭中是这样，在学校和公益事业中也是如此，她是一个无私的人。

除此之外，她还很节俭。如果没有优惠券，她从不进食品店。在不得不考虑买新家具前，她总是想尽办法整修家里的旧家具，我们有一套沙发用了20多年——布面更换过，但整体框架还是原来的。

第一次约会时，她只点了一个烤奶酪三明治和一杯可乐做午餐。为什么一个穿着讲究的人约会时却如此朴素？后来我了解到，她的父亲是位旧物回收商，专门收购高品质女装，在全国范围内收购遭遇火灾或其他自然灾害破坏的商店库存产品。她母亲曾经告诉我:"珍妮特上大学时的衣服都是回收来的,所以我希望你能给孩子们买些新衣服。"

在研究婚姻美满的人时,我回顾了自己和珍妮特的交往过程,发现了一些重要细节:珍妮特的家人彼此尊重,非常无私,相互支持。利用假期,我到珍妮特父母家看望了她几次。每次家里都聚满了人,包括叔叔、阿姨和兄弟姐妹。他们都试图帮助别人做些什么,例如擦桌子、倒饮料、洗盘子、遛狗等。听他们对话就像在百老汇欣赏音乐剧——我来做这个,我来做那个,让我给你搭把手,我去做,我可以……听起来非常温暖。

珍妮特的母亲说,这些特质是遗传的。她和珍妮特的父亲已经结婚50多年了,他们的父母也都很无私并且乐于助人。珍妮特的祖父母和外祖父母都是农民,农场的生活环境塑造了他们的品性。在那里,每个人都要参加劳动,儿童也不例外。

珍妮特的妈妈有10个兄弟姐妹,在她4岁的时候,她的母亲(珍妮特的外祖母)就去世了。外祖母生前曾教导所有孩子共同承担家务。大多数时候,他们都自己动手做饭、洗衣、买东西,或许是逆境激励了他们相互尊重和扶持。

尽管珍妮特拥有许多优秀特质,但当我称赞她的时候,她总是很谦逊低调。在任何情况下,她都不喜欢成为人们关注的焦点。《人物》杂志曾经安排一个摄影组到我家,打算拍一套家庭写真,摄影师坚持要珍妮特也出现在照片中,但她拒绝了。摄影师拗不过她,只好作罢。尽管珍妮特参与编辑了我的每一本书(包括本书),但她并不希望自己出现在媒体的报道中,家人和亲密朋友的赞扬更能使她满足。

我应该庆幸她没有嫁给其他人。在我上课的班级，曾有一个名叫里克的男生坐在她后面。尽管珍妮特从不回应，但里克还是不停地找她聊天搭讪。为了维护课堂秩序，我把他调到了最后排。

任教期间与班里的学生约会很不合适，所以我只能等待。但有一个重要的问题——如果珍妮特下学期继续选我的课怎么办？怎样才能让她在下学期不选我的课呢？不能等到下学期了，有些事必须现在就做。我听说学生选不同老师的课会对学习更有助益，所以有几次我在课堂上适时地讲，下学期他们应该选不同老师的课。

珍妮特采纳了我的建议，所以当我在校园里再次"偶遇"她的时候，实现了第一次约会。我跟她打招呼，然后问她是否愿意和我共进午餐。她看起来有一点意外，或许也有一点疑惑，但还是同意了。第一次约会7个月后，我们订婚了，又过了10个月，我们决定结婚。

图书馆的莉萨

理想伴侣应该有抱负、聪明、自律并且外表具有吸引力，但在哪里能找到这样的人呢？在所有的大学校园都可以找到，而且在大学里找到理想伴侣的可能性更高。

许多财务自由者告诉我，他们在大学期间偶然遇到了后来的配偶，于是顺理成章地走到了一起。优秀的人往往存在于良好的环境中，找到合适的配偶，你会惊叹于自己的幸运。

作为一名教授，工作中最有成就感的事之一，就是教导品德高尚又有发展潜力的学生，比如莉萨。她在一个竞争非常激烈的本科培养项目中获得了全优成绩,在毕业考试和 GMAT 中也取得了非常高的分数。她漂亮迷人,兴趣广泛,课外活动十分丰富。

大四的秋季学期,莉萨选择了我开设的一门本科生课程。第二周,她和 3 个同学来到我的办公室,表示想更多、更深入地学习市场营销学特定领域的知识。莉萨所说的正好是我关注的领域,而她正是这些学生的代表。他们计划做一项研究,并根据研究结果写一篇论文。尽管他们的计划并不完美,但莉萨和她的同学认为,这个计划不仅能使他们在一个新的领域获得更多知识,还有助于申请研究生。

我们商定在这个学期的每周一上午讨论 1～2 小时。他们告诉我计划的最新进展,我为他们提供指导、拓展阅读材料。几乎整个学期都在按计划进行,但意想不到的事情发生了,在倒数第二周的周一,莉萨第一次缺席了。

就在几个星期前,她放弃了请我帮她写推荐信,尽管我非常乐意推荐她去申请美国最好的 3 个 MBA 项目。

我问其他同学:"莉萨为什么没来?"一个学生说:"您没有听说吗?莉萨要结婚了,她不读研究生了。"我很吃惊,因为莉萨从没有提过订婚的事。

于是我询问了详细情况,莉萨小组的第二负责人说,莉萨不会和我们一起完成研究项目了,因为她已经不需要依靠这项研究来申请学校,现在她要结婚了,完全没有读研的兴趣。

原来,莉萨决定嫁给一个即将从医学院毕业的医生,两人刚接触不久就迅速订了婚。我们都很吃惊,以为她是为了结婚而放弃了自己的主要目标——读研,但知晓内情的人告诉我们,实际上,读研只是她的第二目标,是在她不能嫁给医生时的备选方案!

同时,他还告诉了我们莉萨的秘密。每天晚上,她都要到医学院图书馆学习,这是她母亲教她的:如果能嫁给一名医生,就不用再工作或担心钱的问题。她还建议,医学院图书馆是邂逅医生的最佳地点。

我表面淡定,但内心确实很震惊。莉萨是个才华横溢的年轻人,凭自己的能力很轻松就可以获得财务自由,过早地结婚实在让我难以置信。莉萨的母亲为什么强烈建议她嫁给一名医生,并将她推向医学院图书馆?

后来,随着对富裕阶层的研究日益深入,我逐渐理解了莉萨母亲的想法。

现实中,年收入超10万美元的人中只有1/5是女性,更糟的是,年收入超100万美元的人中只有不到10%是女性。在高薪行业,女性的收入只有职位相当的男性收入的55%。正如我常说的,经济环境不利于女性发展。

尽管主流媒体常说女性财务自由者的数量在20多年里越来越多,但我的调研结果显示并没有太大改变。美国有超过90%的财务自由者是已婚夫妇,另外10%的财务自由者中,大约有一半是离异或单身人士。那么在财务自由家庭中,谁是家里的经济支柱、财务决策者和投资负责人?调查结果显示,在80%以上的财务自由家庭中,这个人是丈夫。

我猜想莉萨的母亲早已悲观地预见到女儿将要面临的不平等待遇,但我坚信,莉萨一定能依靠卓越的才华战胜那些困难。

特丽的困境

特丽向我寻求建议时只有 30 岁出头,经营着一家小型专业服务公司,已婚,有一个孩子。当时她情绪很低落,告诉我她刚刚决定离婚。

特丽害怕从头开始寻找配偶,20 多岁时她在单身酒吧遇到了现在的丈夫。按照特丽的说法,在单身酒吧寻找配偶无异于陷入"青蛙困境"——要亲吻许多"青蛙"才能找到真正的王子。如今,她感觉在单身酒吧找到王子的概率越来越小。

如果她是你的朋友、姐妹或者女儿,你会建议她怎么做?我想我会建议她加入教会团体。她居住的社区附近有很多教堂,其中也有不少组织良好的单身团体。我猜想特丽没有加入任何教会,结婚后几乎再没有进过教堂。不过,教会喜欢接纳离群的人,所以我告诉特丽,她可以回到单身酒吧,也可以"皈依信仰"。

我相信,相比于单身酒吧,一个人在教会中有所收获的可能性更高。教会及其相关团体(如成年单身团体)更稳定,他们有规范的成员体系。时间长了,成员之间逐渐增进了解,更容易看清彼此的性格,而在单身酒吧恐怕做不到这一点。与教会相关的单身俱乐部成员都希望遇到优秀的伴侣,发展长久的关系,而不是短暂情缘。

另辟蹊径的安小姐

我建议特丽加入单身教会团体,但是,具体应该选择什么样的教会、什么样的团体呢?很简单——离家较近的、最大的单身教会团体。特丽很快获得了成功,但安小姐却没有。

安小姐是一个智商极高的人。她光彩照人,受过良好的教育,是一家大型出版公司的高级编辑,刚刚和丈夫离婚。与特丽一样,她离婚后的心情很糟糕,甚至想搬到另一个城市。

当我遇到安小姐时,她怀疑自己对异性已经没有吸引力了,并且认为在自己生活的城市"没有一个适合约会的男人"。事实上她错了,很长时间没有约会的人都容易产生这样的想法。

连续好几个月,安小姐不停地抱怨前景黯淡,但实际上当地教会一直在组织热闹的活动,吸引单身成年人前去参加。我建议安小姐不妨也加入,但她的问题比特丽更复杂。

对于安小姐而言,她身处任何形式的单身教会团体都会感到难以融入。她很特殊,是一个非常传统、智商极高的人。她需要的群体必须聚集着与她智力水平相当的人,成员可以不富有,但必须受过良好的教育,并且职业背景与她相近。

在离家较近的数百个教会中,哪些教会团体的成员具备这些特质呢?若是挨个寻访,核验一番,恐怕要花一辈子的时间。我建议安小姐采用一种更直接的方式——地理编码系统。该系统的建立基于这样一种假设:物以类聚,人以群分。居住在同一社区的人往往具备相似的社会经济特征,并且习惯于去附近的教堂。

为了帮助安小姐找到合适的单身教会团体,我们找出了她所在城市中受过良好教育的人士高度集中的社区。完成这项任务后,东奔西走的调查工作就开始了。我们必须挑选出有活跃单身团体的教会,在这方面,当地教会部门和社区报纸帮了大忙。

安小姐在选择过程中并不看重教派——相比于信仰团体,她更关注的是找到合适的单身团体。根据估计，这些单身团体中有受过良好教育的律师、医生、会计师、建筑师、经理和创业者。安小姐家附近没有教会，所以她借着寻找"成功人士聚集的教会"的机会，开车把所有感兴趣的教会都拜访了一遍。

寻找配偶是件严肃的事，当一个人离开学校、年岁渐长、头发花白后，要找到合适的配偶就变得更加困难了。我告诉安小姐，她必须更积极主动一些。和安小姐一样，大多数人都可以试着按照这种方法，通过参与各种群体活动提高找到合适配偶的可能性。

独立生活还是受支配的生活？

约翰耐心地等待着。我刚刚结束了一个有近百位公司经理参加的研讨会，当我准备离开讲台的时候，学员们依次从我身边走过，我注意到约翰让排在他后面的人先走，自己留了下来。

约翰是一家大型公司的副总裁，年收入 30 万美元。他白手起家取得了财务自由，他的父母并不富有，却教给他许多比金钱更重要的东西。他认为自己的抱负、正直和职业道德正是来自父母的教导。

纵观职业生涯，这些特质让他受益良多。约翰曾面临过一个充满诱惑的机会，但他拒绝了。他从不后悔这个决定，一直遵从内心的原则。

约翰在一所著名州立大学读大四的时候，有一个稳定的女友贝姬，也是大四学生。她是一个讨人喜欢的人，不仅迷人，还有许多优秀特质。在约翰看来，她真诚、务实而且聪明。在大四的秋季学期，约翰和贝姬感情升温，两人都认为圣诞假期是约翰拜访贝姬父母的好时机。

贝姬的父亲是一家成功的肉类加工和包装公司的老板，母亲是家庭主妇。约翰说，贝姬的父母非常和蔼可亲，让约翰感觉宾至如归。约翰准备向贝姬求婚，显然，贝姬的父母对约翰的印象也很好。

圣诞节那天的活动结束后，贝姬和母亲回房休息，两个姐姐和她们的丈夫也各自回了家，只剩约翰和贝姬的父亲在书房交谈。贝姬的父亲是一位传奇人物，没有接受过高等教育，白手起家创办了肉类加工企业，并且积累了千万资产。贝姬的父亲认为自己是这个世界上最幸运的男人，是很多美国人羡慕的"肉先生"。

"肉先生"认为，美国的每一个年轻人都想为他效力并希望在公司出人头地。他用一个颇具暗示性的问题开始了"演讲"："约翰，你和贝姬在一起是认真的吧？"约翰真诚地表示他对贝姬是认真的，此后将近两个小时的时间，"肉先生"都在滔滔不绝。

他历数了自己的辛苦历程，反复强调抓住机遇的重要性和机遇是如何难得——任何人要从零开始达到像他那样的成就都很难。约翰礼貌地端坐倾听这似乎经过反复排练的销售演说，显然，"肉先生"对另外两个娶走他女儿的年轻人也做过相同的演说。

"肉先生"的建议不仅涉及工作机会，更像是一种程序化的生活方式。约翰将建议内容详细地转述给我，甚至模仿了"肉先生"的口吻，听起来就像《华尔街日报》的经典广告。如果你收到了下面这样的邀请，会怎么做？

我是一位非常成功的企业主，拥有一家肉类加工公司，目前正在寻找一个优秀的男人娶我的女儿贝姬。贝姬喜欢有抱负、可靠、高智商、诚实、自律、有风度的男人。理想状态下，这个男人应该是一名学习成绩优异的应届毕业生。他必须：

1. 愿意为我效力。被选中的男人最终会当上副总裁，达成协议并举行婚礼后，他可以到公司工作，薪水丰厚，远高于成绩相当的应届大学生。

2. 必须住在我家附近，并且离我另外两个已经出嫁的女儿家不远，可以和贝姬选一套房子。

3. 乐于与贝姬的家人共度每个假期。女婿的家人可以免费无限制地使用豪华海景别墅，但周末要来我家，因为其他女儿和家人也会如此。

4. 愿意与另外两个女婿一起工作。女婿将成为由我领导的董事会的成员，可能会拥有一些公司股份，也有机会在我退休后接管企业。更多细节请稍后与助手商谈确定。

这是一个一生只有一次的机会，也是一种生活方式和终生义务，只要接受了聘请，就可以娶贝姬。

约翰礼貌地听完了"肉先生"的演说。接着，"肉先生"补充道："我知道你正在想什么。你在暗自庆幸：约翰，你是这个世界上最幸运的人。"为什么他会这样认为？毕竟，他已经猜中两次了。

那天晚上，约翰自始至终没有找到回应的时机，因为"肉先生"默认他已经同意了。于是约翰回到客房休息，第二天便回家了。在下个学期开学前，约翰和贝姬通了几次电话，对于这个"家庭计划",贝姬似乎和她父亲一样兴奋。

直到两人都回到学校,约翰才委婉地告诉贝姬自己并不打算接受贝姬父亲的好意。最后他俩没走到一起,贝姬对父亲的忠实度超过了男朋友。或许她爱约翰,但不想嫁给一个让她脱离父母规划的生活方式的人。

约翰为什么会拒绝这个"难得"的机会?因为他强烈渴望独立,无法接受任何人支配他的生活。"肉先生"热爱自己的事业,但约翰对此毫无兴趣,他对自己的能力充满信心。他是一所著名州立大学的优秀学生,毕业后想要进入一家顶级上市公司工作。他认为,对聪明且有远大抱负的人而言,进入大公司是锻炼管理和执行能力的大好机会。

其实,约翰对"肉先生"的提议还有其他疑虑。他不确定这种与婚姻关系绑在一起的招聘是否能找到公司真正需要的人才。如果"肉先生"的另两个女婿在工作中出现差错,谁来收拾残局?常识告诉约翰,任人唯亲不是选择管理人员的最好方式。另外,他对可能发生的潜在家庭问题尤其感到愤愤不平。"肉先生"会给约翰和贝姬一套房子,但房产证上写谁的名字?以后怎样处理家庭纠纷?对贝姬而言,这很容易:

> 约翰,这是我的房子,是我父亲出钱买的。如果你不喜欢我的做事方式,可以离开。

当然,作为"肉先生"的女婿,离开很困难,这不仅意味着要搬出房子,还意味着放弃公司的经理职位。约翰意识到,他将永远不能成为自己家里的主人，家庭纠纷很可能会在"肉先生"的豪宅内解决。他还意识到，他错看了贝姬，从来没想到她会同意这样生活。显然，相比于未来的丈夫，她更倾向于以父母为中心的生活方式。

好在约翰有远大的抱负和强烈的独立需求，会理智地做出正确的决定。今天，他已经是一位成功的公司高管，依靠自己的力量实现了财务自由。约翰知道，努力奋斗、白手起家能让自己更强大。

我的调查数据非常清楚地表明，许多单纯因为财富因素选择配偶的人最终收获的只有失望，为了爱情、尊严和雄心而结婚才能拥有美好的生活。

第7章　高经济产出家庭

有人曾向我建议：

> 斯坦利博士，你真的应该采访一下我的父母，他们是与众不同的财务自由者。我妈妈总是推着一辆已经用了10年的手推车去杂货店，手推车旁边座位上的鞋盒里装着优惠券。如果梅西百货的一对袖扣要20美元，她会立即转身到打折店买一对更便宜的。尽管我们看起来很"贫穷"，但实际上并非如此。我们有很多资产，只是过着十分节俭的生活。

财务自由者不仅在积累财富、经营企业和创造高收入等方面非常高效，在生活方面也讲究效率。许多人了解到他们真实的生活方式时往往会感到震惊：

- 维修家具而不是购买新家具。
- 使用资费更优惠的电话套餐。

- 从不受电话推销诱惑。
- 经常修鞋、换鞋底。
- 购物时充分利用优惠券。
- 购买大包家庭装的日用品。

经常有人问我,为什么财务自由的人在购物时还用优惠券?他们不仅仅是为了今天能省50美分,而是为了在一生中省下更多的钱用于投资。真正的美国富裕家庭每周购买食品和家庭用品的支出在200美元以上,一个成年人一生的食品和家庭用品支出大约是40万~60万美元。如果节省下5%,就有2万~3万美元。用省下来的钱投资优秀的股权基金,按近几年的收益率计算,一生至少能多赚50万美元。

大多数以财务自由为目的人眼光长远。他们会应用各种省钱方法,可以更有效地积累财富,这也是他们整个节俭计划的一部分。

在美国,去超市购物的人中有超过2/3属于冲动型消费者。他们从不带购物清单,总是在店里漫无目的地转来转去,浪费了很多时间和金钱。有一个事实被反复证明:人们购买的一些东西在短期内并不需要,甚至永远都用不着。

那么,最好的购物方式是什么?我采访过的一对财务自由夫妇想出了一个好方法。他们画出了自己经常光顾的两家食品店的内部地图,地图上标明了每一类商品的名称和位置,然后复印两张当作每周的购物清单和计划模板。每次购物时,他们会在地图上圈出要买的商品。当然,为了更有效地利用优惠券购买特价菜品,还需要商店的商品目录。

这听起来有点麻烦,但实际上非常有效。假如没有清单和计划，很可能因为在店里闲逛而浪费大量时间。每周多花 30 分钟，换算到整个成年生活时期就相当于浪费了 6.24 万~7.8 万分钟，即 130~162.5 个工作日。

在食品店多花 6.24 万分钟并不明智，将这些时间分出一部分用于计划投资、与孩子共处、度假、学习、锻炼或者写作不是更好吗？

优惠券的妙用

许多财务自由家庭在购物前列出详细购物清单还有一个原因，他们想让孩子们通过观察这些行为，最终理解什么是高效有序的家庭生活。

想象一下，在餐桌旁，年幼的孩子在报纸和传单上寻找着能够利用的优惠券。他们正在学习人生中非常重要的一课，这一课对他们成年后的生活有极大帮助。妈妈不仅教孩子寻找优惠券，还培养了他们基本的组织能力：她把这些优惠券分类存放在不同的文件夹里，通过这种方式，她教会了孩子如何将有用的信息分类存储。

这种方式还培养了孩子对价格的敏感度，从而学会省钱。越早学会合理安排自己的资金越好。对孩子而言，参与准备购物清单、整理优惠券和促销商品目录非常有用。学会组织、计划和整合信息将让他们受益终身。

大多数白手起家的财务自由者认为，计划和组织对获得财务自由非常重要。他们的双亲，尤其是母亲，通常是优秀的计划制订者和组织者。80%的财务自由者相信精心组织才能解决大问题,当重要的工作、企业和财务资源面临风险时,计划是战胜恐惧的重要因素。

想象一下,如果孩子按照你的要求整理优惠券,据此列出购物清单,他们长大后或许也会通过设计战略规划来合理分配财务资源并选择合适的供应商。你还可以要求他们制作超市内部地图,标示出商品的具体摆放位置,就像企业中的高级管理人员一样,他们可以逐一核对需要的商品,然后交给你地图,指导购物。

也许用优惠券并未省下多少钱,也许准备购物清单对你个人而言没有太大用处,但这个过程能够指导孩子制订计划,他们在未来的某一天或许会因此受益。制作严格的家庭支出计划、活动和家务劳动日程表也同样适合让孩子参与。

当孩子长大一些时,就能意识到制订日程计划的好处。你可以给他们提供一些指导,要求他们遵守日程表行事。他们可以从制订每日计划开始,包括计划一些有趣的事——生日聚会或其他社会活动等。

请记住,如果你在生活中展现出组织性和自律性,孩子就会效仿你的行为;如果你的家中杂乱无章,孩子可能也会耳濡目染。相比于单纯教导孩子自律、做事要有条理,言传身教显然更有效。

多年来,我在市场战略规划课上总会给学生布置一项作业,这项作业占总成绩的50%。每个学生都必须为一家本地公司制订工作规划,对大多数学生而言,这个作业最难的地方在于将规划细化,为每一阶段的工作制订日程表。为解决这个问题,我让这些学生买一份日程卡,然后用铅笔填写。他们必须将每一项工作的过程、步骤填到一张宽 8 厘米、长 13 厘米的卡片上,每张卡片对应一项行动,然后再进一步整合。

我问学生以前是否做过这类事情,许多人都回答说没有。不管他们的分析性智力怎么样,缺少组织经验是可以确定的。在没有任何组织能力或规划训练的情况下,他们在学习、阅读、完成作业和参加考试的时候完全遵守教授的安排,获得了学士学位。当有人为你计划时,就没有亲自思考的必要了,但在生活中,成功人士往往都是自己制订计划并精心安排。

亲力亲为不一定省钱

与自己安装新热水器相比,请水暖工来安装要花费一定的资金,那么为什么不自己动手而是雇用水暖工呢?在一些地区,法律规定只有持从业证书的水暖工才能安装燃气热水器,我猜大部分人并不想学习这门技术。以实现财务自由为目标的人对此怎么看呢?

实际上,他们对"原始成本"并不敏感,他们更在意"生命周期成本"。原始成本指的是自己安装热水器省下来的钱。自己安装或许可以节省至少 150 美元,但后期你可能就会发现还有不少棘手的麻烦事。

水暖工的报价单中包含一个高效热水器。你也可以自己去商店,找一个容量相当但价格较低的热水器代替。不过,就预期使用寿命来说,水暖工提供的热水器能帮你省下超过 150 美元的电费,而且高效热水器使用寿命更长,制热更快。你所选择的热水器的使用寿命或许没有保障，并且自己在安装过程中很可能会出错，烧坏内芯。更糟糕的是，燃气泄漏可能会危及你和家人的生命安全。将原始成本与生命周期成本相对比，如何选择就十分明晰了。

另外，如果选择自己安装热水器，你将无法兼顾本职工作。也许水暖工每小时的收费高于你的时薪，但你还要考虑生命周期成本。如果决定自己安装热水器，就必须花费时间和精力购买设备。你本可以利用这些时间和精力提升专业技能或学习投资，也可以利用这些时间开发新客户，发现一个新客户可比节省 150 美元有价值多了。并且，你必须学习热水器安装技术并找到合适的工具。无论是租工具还是购买工具，都需要花费时间和金钱。如果你不想成为水暖工，为什么要花费如此高昂的代价学习水暖安装？这样做真的省钱了吗？所以，正确的选择应该是雇一个水暖工！

我反复告诉大家，财务自由者很节俭，但许多人误认为节俭就是所有事都自己动手。事实上，只有当节俭能真正创造价值时才是值得的。大多数财务自由者不会事必躬亲，因为本职工作收入更高，雇用专业的油漆工、木工和水暖工会节约很多时间。

关于亲力亲为的问题，我曾经询问过一位收入颇高的漫画家。他住在一幢很大的都铎式别墅里，望向窗外时，哈得逊河谷尽收眼底。有一次，我正好看到一群油漆工围着房子搭脚手架，我知道粉刷这么大一幢房子价格非常高，于是不由自主地问："为什么不自己粉刷呢？"

他告诉我，相比于雇用油漆工刷墙的费用，他自己的工作可以赚更多钱。更重要的是，他说：

如果我刷墙时从梯子上掉下来怎么办？我可能会死掉或者永久残废，再也无法好好生活。

这位漫画家和大多数白手起家实现财务自由的人一样，对"生命周期成本"非常敏感。爬上梯子可能危及他的赚钱能力，这种能力将使他在自己的职业道路上获得更好的发展。

如何提高效率

为了激励自己写作，我算了一笔时间账。此前我出版的一本书《邻家的百万富翁》手稿总共有477页，大概写了180天，花费4.32万分钟，算下来平均每天的写作时间是4小时。听起来确实费时费力，但我更看重的是我亲手写下的150万个字符。大多数高效人士与我看待工作的方式一样，会通过选择不同的时间分配方式来激励自己。

我告诉自己：

相比在长达13年的时间里作为教授每天上下班路上浪费的时间，写书花费的时间少多了。

一个人每天能以最佳精神状态工作的时间很少，就我来说最多4小时，因此如何利用剩下的时间是个很严肃的问题，我需要决定是在车里发呆还是写一本书。上下班会得到版税吗？掌握驾驶技术会让我在本职工作中效率更高吗？这样来看，或许无数人将他们的时间浪费在了无意义的事情上。

因此，每个月分配出一点时间，思考如何提高效率是一个明智的选择。你可以问自己一些简单的问题：生活中，每项工作分别需要花多少时间？可不可以优化时间分配？相比常规性工作，有没有更好的时间利用方式？是否有一些自己能够从事且终身受益的工作？

一次性收入还是持续性收入

我与汤普森先生进行了一次交谈，他是一位优秀的住宅建筑商，致力于提供高品质的建筑产品，他和家人完成了他们承建的每栋住宅的大部分工程。

汤普森先生说："像您这样的人过得比我们舒服多了。要建造一幢住宅，我们大约要钉25万枚钉子，而你们只要坐在办公室里就行了。"

他并不了解我的工作，钉钉子需要付出辛劳，写书也是一样，但两者又有一些区别。如果写下的文字最终变成一部畅销书，那么它们就能源源不断地为我创造不菲的收入；而当汤普森先生将钉子钉入一块木头的时候，他马上可以获得收入，但建筑是没有库存的，收入是一次性的。

汤普森先生为开发商承建房屋，大约只能得到利润的20%，他就像一个代笔写手，只有固定报酬，从来没有版税。如果汤普森先生自己做开发商建房子，利润将丰厚许多。然而，汤普森先生不愿支付建筑成本，也没有制订储蓄计划的自制力或远见，为将来转型成为开发商存储足够的资金。或许汤普森先生现在还没有厌倦钉钉子的工作,但将所有的时间和精力都用于钉钉子,却从来没有红利,他总有一天会厌倦。

我发现许多大学毕业生的工作都像是钉钉子。以注册会计师为例,他们是聪明、勤奋的专业人士,每年需要准备大量的纳税申报单,但这些纳税申报单每年都需要重新做,如此年复一年。

少数注册会计师跨越了"钉钉子"的阶段,他们开发并出售相关的纳税申报软件,销量非常好。这些软件能够持续产生版税和相关的收入。更棒的是,这些产品可以持续使用——发明者不必为更多客户填报纳税申报单就能产生收入。

你可以继续努力"钉钉子",获得一次性收入,也可以一劳永逸——这完全取决于自己。如果汤普森先生找一个投资者参股,由投资者提供资金,自己每周再多抽出几个小时开发项目,他就会实现一个巨大的转变:把钉钉子的枯燥工作转变为积累资本。

人们经常问我怎么看待职业棒球运动员获得高薪,我相信这是他们应得的,对此一点也不嫉妒。许多棒球运动员的职业生涯都非常短暂,尽管他们努力打球、拦截四分卫,但仍然是一种钉钉子的游戏。依靠钉钉子赚多少钱都没什么值得羡慕的,真正的问题是:今天的努力能为你以后创造多少收入。

媒体喜欢宣传年轻的职业棒球运动员签了多少钱的合同,但他们的运动生涯一旦结束,怎么赚养老金?其实,真正聪明的人是球队合伙人和经纪人。经纪人是一个特别的群体,他们本身没有成为球员的天赋,但掌握着一批球员,就好像一个果园的主人,当球员不能像苹果树一样产出苹果的时候,他们就会将他移出果园,像更换机器零件一样再重新移植一棵果树。

建立自己的价值评判标准

波因茨夫妇已经退休，他们居住在奥斯汀最好的社区一幢有 4 个卧室的漂亮房子里，净资产达到了 7 位数。但两人非常节俭，花钱时很慎重。正如波因茨夫人所说："我和丈夫都经历过大萧条时期，所以花钱很谨慎。"他们现在住的房子价值 80 万美元，多年来房子的升值幅度已经超过当初的购置费用。

资产型富人通常会非常仔细地挑选房子和社区，买对了房子可以保值，也会让生活更舒适。波因茨夫人说：

> 我认为自己应该住在一个城市中最好的位置，宁愿不买豪华轿车，也要拥有最好的房子。

当然，波因茨夫妇可以有其他选择。他们即使购买昂贵的汽车和衣服，仍然是财务自由家庭，但那不是他们的生活方式。波因茨夫人优雅地概括了她和丈夫一直坚持的生活哲学。

他们对容易贬值的商品的价格非常敏感，比如衣服，如果你今天购买了一套昂贵的西装或礼服，将来它在旧货市场可能只会卖到原价的 5% 或 10%，甚至更少。衣服就像吞噬净资产的黑洞，但波因茨夫人希望自己看起来衣着考究，于是采取了下面的解决方案：

> 我穿的高档时装都是在青年志愿者商店购买的。那里的大多数服装都是美国富有的家族捐赠的，有圣罗兰、阿玛尼、华伦天奴、奥斯卡·德拉伦塔、古驰、迪奥等各种品牌。我喜欢

时装，在这种渠道购买时装不用花多少钱，还能满足我的收集爱好。

如果有些服装不是非常合身，她和波因茨先生就会像40%的财务自由者一样，请裁缝修改。谨慎购物帮助波因茨夫人省下了许多钱，她用这些钱买进易保值的商品，最终实现增值。

我们生活在一个充满医学奇迹的时代，所以我选择投资医药类公司的股票。

波因茨夫人相信股票交易有助于提高净资产，而购买昂贵的服装会降低净资产。当他们投资股票时，还考虑到了后代——他们希望能给6个孩子留下丰厚的遗产。

除此之外，波因茨夫人投资医药类股票还有另外一个原因。由于非常关注身体健康，她读了大量相关资料，参加了许多研讨班。通过这些方式，她不仅改善了自己的健康状况，还提升了经济健康水平。

绝大多数食品无法保值，这是否意味着波因茨夫人为了增加财富，在购买食品上也很节俭？

我非常支持健康饮食和锻炼身体……我总是仔细地挑选食物，经常使用优惠券购买食材，然后亲自下厨。

我相信在许多人看来，波因茨夫人就像一个令人困惑的矛盾体。她穿着昂贵的衣服，但开着经济型汽车；她买东西时使用优惠券，但居住在高档社区的昂贵住宅里。人们或许会认为她和波因茨先生只是看起来富有，但实际上他们掌握着土地、采矿企业和油田租赁权。

在购买家具和家居用品方面，波因茨夫人和许多财务自由家庭的选择一样。溅上热咖啡就会变形的劣质品进不了她的家门，他们喜欢选购质量上乘的家具，比如18世纪的古董家具，虽然一套桌椅要花费上万美元的高价，但它们既能用来吃饭，也能用来投资。

这就是大多数财务自由者喜欢定期光顾古董市场的一个重要原因。对于白手起家的人来说，他们的父母或祖父母很可能就是我所说的旧物收集者。许多人的家中至今还珍藏着祖母最宝贵的箱子、曾祖母的手工缝纫机、祖父的1864式温彻斯特步枪和叔叔收藏的钱币。

有些人认为新的永远要比旧的好，用旧东西意味着贫穷和失败。但像波因茨夫妇这样的财务自由者，自有关于新旧价值的评判。

昂贵的便宜货

财务自由的人是挥霍无度的终极消费者吗？鞋子穿旧了会毫不犹豫地马上丢弃吗？我的调查结果推翻了这种假设。至少有70%的财务自由者给鞋子换过鞋底，并且这只是保守数据，因为约有20%的财务自由者因为退休不用再穿"礼服"，所以相应地减少了换鞋底的机会。

这些能换鞋底的鞋子通常是正装皮鞋，并且都是名牌，它们是上市公司高管、企业主、高收入的医生、律师、投资银行家和股票经纪人的最爱。为什么有人愿意花几百美元甚至更多钱买一双鞋？这是一种观念和偏好。大多数人尤其是男性在购买鞋子时对价格比较敏感，当他们需要正装皮鞋时，会以尽可能低的价格买一双黑色的鞋。

购买正装皮鞋的人中还有许多是实现了财务自由的人，他们对价格不太敏感，但更关心鞋的品质。我的正装皮鞋穿了10多年，鞋底已经换了两次，但款式仍不过时。到目前为止，这是我穿过的最舒服的鞋。许多时候，即使是连续工作12小时，只要穿着它们，我的脚就不会感到疲累。它们经久耐用，算下来并不昂贵。如果你是企业管理者或者商学院教授，就需要穿得正式一些。多功能运动鞋既不正式，也不比正装皮鞋便宜。一位受访者总结说：便宜的鞋会磨损你的脚，而非你的脚磨损鞋！

以我为例，在我购买了正装皮鞋的10年中，总共穿了1 600多天。我最初买鞋花了100美元，换了两次鞋底，每次大约50美元。再加上花20美元买了一双好鞋楦，总成本是220美元。

将220美元均摊到1 600天中，算下来每穿一次的成本不到14美分。与之形成鲜明对比的是，我儿子每年要穿坏或淘汰6双运动鞋。很多时候他只是在校园里走动，偶尔也做一些跑步和沙滩足球之类的运动，据他妈妈估计，每双鞋他会穿80～100次。每双鞋的成本是65～85美元，即使按100次计算，这些鞋每穿一次的成本也高达65美分。

我不得不考虑一下谁的鞋成本更高，是穿300美元的小牛皮平底鞋的财务自由者，还是穿85美元的运动鞋的大学生？表象非常具有欺骗性，商品的标价也是如此。对许多产品而言，"生命周期成本"才是首要的购买判断标准。

便宜的奢侈品

如果有机会参观财务自由者的家，你会为自己的所见感到震惊。原本以为会看到奢华的装修、最新款的家具和配件，但他们的室内设计和家具与你在电视中看到的样子有所不同。

大多数财务自由者居住在传统的独栋住宅中。这些住宅非常结实，室内摆放着曾经最盛行的传统家具，它们品质优良、永不过时。这些家具通常都是实木的，而非颗粒板或贴皮板材。他们更喜欢实木家具，或者是在高档实木上装饰一层高品质木板。

这些传统家具中有些很可能是真正的古董。你可以去咨询诚实的古董商人，问问他们有哪些主要的客户群体，他们会告诉你占比最高的就是那些有传统品位的财务自由者。与价格差异相比，这些人对家具的品质更为关注。

在他们看来，好家具的评判标准不仅涉及制造工艺，还须考量木料。即使没有精心护理，最好的家具也能使用一个世纪甚至更长时间。除了物理寿命长，这样的高品质家具还具有升值的潜力。

对于习惯收集、保护家族遗产的财务自由者来说，"勤俭节约，吃穿不缺"是他们一贯的生活原则，他们凭直觉就知道应该收藏能够升值的东西，但收藏的升值预期不是他们的唯一动力。他们购买东西前总是深思熟虑，以便能将这些东西作为遗产传给下一代。这才是他们对高品质家具的定义：超越普通人类的生命长度，永不丧失吸引力，且具有升值潜力。

实木家具可以反复修理抛光。财务自由家庭为什么要整修家具？因为家具是耐用品而非消耗品，修理家具远比重复购买要划算。在我最近的调查中，48%的财务自由者声称：他们会对旧家具重新抛光或装饰，而不是购买新的。

克劳里斯·雷克托夫人是一位财务自由者，她曾经告诉我：

> 相比于浪费大量时间搜寻新家具，我更喜欢修理旧家具，这样方便多了！

雷克托夫人还列出了一份家具修理工和家居装饰店的名单，她最喜欢的家居装饰店能提供各种沙发套布料。她说，更换沙发套要比选新家具容易多了。在过去的30年里，她请同一家家居装饰店为她喜欢的沙发更换了5次沙发套。

《华尔街日报》的一篇新闻报道记录了人们购买家具的困难。常常要在数小时的搜寻后，买主还得等上几个星期甚至几个月才能收到货。今天，家具的风格和颜色多种多样，让人难以抉择，相比于在无数种家具组合中迷失，许多财务自由者选择重新抛光和装饰家具也就不足为奇了。

降低家庭的运营成本

从一些生活方式中可以充分看出某个家庭是否属于高经济产出

家庭。我在研究财务自由家庭的特征时，总结出了 200 多种生活习惯。最后，在进行全国的样本研究中，我筛选出了 13 种具有代表性的生活习惯。

为什么我只列出了这 13 种生活习惯？因为根据它们足以了解一个家庭的特征。这些习惯可归为 4 类，以第一类"以旧代新"为例，48% 的财务自由者会通过重新抛光或装饰家具来降低家庭运营成本，这些人往往也会"修鞋、换鞋底"和"补、改衣服"。

表 7-1 财务自由家庭的生活习惯

（样本数：733）

	生活习惯	占比（%）
以旧代新	修鞋、换鞋底	70
	重新抛光、装饰家具	48
	补、改衣服	36
减少开支	夏天时空调不开过低的温度	57
	使用资费更优惠的电话套餐	49
	尽早偿还住房抵押贷款	48
理性购物	从不受电话推销诱惑	74
	提前列好购物清单	71
	购物时充分利用优惠券	49
	购买可信赖的家电、汽车	44
	买完东西马上离开商场	36
利用折扣	在仓储式卖场批量购买家庭用品	49
	通过佣金较少的中介公司做生意	25

为了更好地理解这个群体,我对这 13 种生活习惯进行了分析,发现其中有两种很有代表性,它们不仅是财务自由者降低家庭运营成本的有效方式,更是深入了解他们的关键:使用资费更优惠的电话套餐和重新抛光、装饰家具。

我研究了两个财务自由者群体。第一个群体来自高经济产出家庭,他们非常赞同并实践了以上两种生活习惯;另一个群体来自低产出的家庭,他们并没有以上两种习惯。研究表明,在积累财富方面,这两个群体的风格截然不同。有些家庭之所以富有,是因为成员经营着高经济产出的家庭。此外,他们在购买住宅时也更加深思熟虑,并且愿意花费更多时间研究和计划投资。

反观低产出的财务自由家庭——他们为何在家庭生活中效率不高?他们赚了这么多钱,却很难进一步积累更多财富。为了深入理解这两个群体的不同风格,下面我们会通过案例进行研究。

奥克斯与奥托尔

奥克斯先生大约有 750 万美元净资产,但他家庭的经济产出并不高;奥托尔先生的净资产大约有 500 万美元,他认为自己几乎具备所有降低家庭运营成本的习惯。奥克斯先生的年实现收入为 82.9 万美元,他是一名律师,工作时非常专注,将自己的精力全部献给了工作。作为行业精英,他认为只要工作努力,财富自会送上门来。他和妻子觉得表 7-2 中所列的生活习惯耗时耗力,影响工作表现。他坚信,最好的财务准则就是将他超群的智力用在本职工作上。

表 7-2 降低家庭运营成本的生活习惯：
高经济产出家庭对比低产出家庭
（有某种生活习惯的家庭所占百分比）

生活习惯		是（%） （样本数：182）	否（%） （样本数：190）
以旧代新	修鞋、换鞋底	81	55
	补、改衣服	62	17
减少开支	夏天时空调不开过低的温度	76	36
	尽早偿还住房抵押贷款	57	44
理性购物	从不受电话推销诱惑	77	74
	提前列好购物清单	84	57
	购物时充分利用优惠券	65	33
	购买可信赖的家电、汽车	58	31
	买完东西马上离开商场	50	26
利用折扣	在仓储式卖场批量购买家庭用品	57	41
	通过佣金较少的中介公司做生意	35	13

奥托尔先生则完全不同。他是一位企业主，从事废旧金属回收工作，年实现收入是 54.4 万美元。他的净资产水平之所以比奥克斯先生低，很大程度上是由于收入差距。如果没有一个高经济产出

的家庭，他的净资产将远低于现在的水平。自从 25 年前结婚以来，他和妻子就一直高效地经营着自己的家庭。他们不得不这样做，否则就不会有能力创办废旧金属回收企业。

奥克斯先生家的生活方式与奥托尔夫妇不同。奥克斯先生以优异的成绩从顶尖大学毕业后，马上进入了一家一流的律师事务所，不久就成了这家律师事务所的合伙人。对他来说，每周工作 60、70 甚至 80 小时很正常。他工作努力，也喜欢娱乐。当被问到为了降低家庭运营成本采取了哪些方法时，他总是说：小事糊涂，大事精明。

他坚持认为关注家庭运营成本是小事，用他的聪明才智帮助客户赢得 1 亿美元的诉讼才是大事。如果客户赢了，他下一年的收入就会超过 100 万美元，因此他没有兴趣关注促销商品目录中炉灶和洗衣机的价格变动。奥克斯一家只买最贵的（理论上最好的）家用电器。

除此之外，低产出的奥克斯先生和高产出的奥托尔先生还有一些有趣的不同之处。当被问及成功原因时，他们都坚信成功与自律、工作努力、懂得与人相处、具备竞争意识有关。另外，奥克斯先生还将他的成功归因于高智商、曾就读于顶级大学和以优异的成绩毕业。

奥托尔先生对于成功也有自己的一套解释：投资自己的企业，选择支持自己的配偶，勇于承担财务风险。

对他而言，还有一点非常重要：生活上量入为出。

在家庭经济产出高的财务自由群体中，53% 的人认为这一点很重要。两种家庭生活方式不同，但高产出的财务自由家庭明显更可能有以下习惯：做礼拜，阅读《圣经》，在大型仓储式超市购物，在连锁快餐店用餐，自己动手做木工活，网购，修剪草坪，整理花园，光顾古董市场、促销活动，咨询税务专家。

而奥克斯先生和其他低产出家庭的财务自由者更喜欢观看大型体育联赛和参加慈善晚会。

高经济产出的财务自由家庭在一定程度上融合了采购行为和投资行为。他们将家庭看作投资组合的一部分，十分积极地计划家庭用品采购。81%的高经济产出的财务自由家庭表示，他们会花几个星期甚至几个月的时间寻找最划算的交易，而只有52%的低产出的财务自由家庭会这样做。

从房子升值情况来看，奥克斯先生的房子升值了2倍，而奥托尔先生的房子升值了3倍。家庭生活高产出的财务自由者坚信，积极的购房策略会带来更多利益。这两种财务自由者都选择在高档成熟社区购买住宅，不过，像奥克斯先生这样的人并没有花费太多时间去寻找最好的交易，但最后他们买到了好房子，价格也很公道。而奥托尔先生这样的人会再三寻找，展现出非比寻常的耐心。他们也买到了好房子，并且运用价格谈判等积极的手段获得了更大的折扣。

总体来看，两个财务自由群体都是住宅房地产市场的赢家。值得注意的是，像奥克斯先生这样的人一般会直接委托优秀的房地产经纪人帮忙找房子。他们告诉经纪人："一个月之内，帮我找一栋能显示身份地位的房子！"从长远来看，他们的房子升值了，而且还将继续升值。在买房过程中，这样的人有一条准则值得赞赏：当没有时间的时候，高价买好房子胜过低价买不好的房子。

表 7-3　购房策略

	策略	高产出家庭（%）	低产出家庭（%）
谨慎思考	不要按最初的要价购房	91	80
	了解同一社区最近成交房屋的价格	89	72
	能够在任何时候放弃交易	84	77
	花时间寻找最划算的交易	81	52
	永远不要试图在短时间内买到房子	64	44
仔细寻找	寻找有优秀公立中小学的社区	80	74
	买负担得起的房子	66	53
	寻找维护成本低的房子	42	20
	寻找丧失赎回权、离婚分割、作为遗产拍卖的"便宜"房子	45	14
	寻找房产税合理的地区	39	21
节约成本	通过压价试探卖方的价格敏感度	55	36
	要求房地产经纪人降低佣金，以便卖方降低价格	35	27
	购买建筑用地，请建筑承包商建房	27	25
	与建筑承包商、卖方协商降价	21	13

通过分析两个财务自由群体的净资产和收入特征，你会发现其实他们非常相似。根据上文提到的年收入净资产数据，用净资产除以年实现收入可以得到净资产收入比，以奥托尔先生为代表的高经济产出群体的净资产收入比是 9.56，以奥克斯先生为代表的低产出群体是 9.1。

从净资产收入比来看，两个群体只有5%左右的差距，差别不是很大。可以说，在创造高收入和积累净资产方面，两个群体都是高效的，他们都采取了适合各自能力和兴趣的财务自由实践策略。

如果奥克斯先生和奥托尔先生改变了消费风格会怎么样？或许两人的收入和净资产都会锐减。所以，永远不要尝试与你的能力和实际情况不匹配的生活方式。

在这样的两个群体中，大约有80%的人认为目前的职业可以充分发挥他们的才能，有关提高家庭经济效率的原则也各有特色。

第 8 章　住房和投资

问：你是如何实现财务自由的？你住的房子价值 140 万美元，看起来还贷风险很高。

答：但我买的时候价格只有现在的 40%，买房的风险在于它所在的地段是否具有升值潜力。

我们已经对财务自由者如何提高家庭的经济产出能力有所了解，那么他们的住房和所在社区到底是什么样的呢？他们如何买卖房产呢？通过调查，本章将揭晓这些问题的答案。下面请听一位财务自由者的自述。

长期持有的可升值资产

我叫布赖恩·埃布尔，实现了财务自由。我住在一个真正的富人区，社区内几乎有 80% 的人实现了财务自由。而在全国大约 1 亿个家庭中，只有大约 5% 的家庭净资产超过了 100 万，也就是说，我所在社区居民的财富水平是美国平均水平的 16 倍。

我的房子购于 12 年前，我和家人一直住在那里，当时的房价还不到 56 万美元。据保守估计，现在的市值已达到 140 万美元。从理论上来说，我的房子增值了 85 万美元左右，平均每年增长 7 万美元。我身边大多数人购房取向相同——买了房子后就在此长期居住，但美国大约有 20% 的家庭每年都在搬家。相比之下，我们有些与众不同。在过去的 10 年里，有 53% 的人没有搬过家，24% 的人只搬过一次家，其中 80% 的人搬家是因为要移居到另一个城市。总体而言，我们有强烈的定居倾向。

我们之所以很少搬家，重要原因之一是我们当中有很多人是个体经营的专业人士或企业主。搬家会远离我们的客户、患者、消费者或重要供应商，对经济效益造成显著的不利影响。仅仅是搬家的准备过程就有可能造成损失，更不用提远距离搬家了。

我和妻子注意到，财务自由群体正在发生变化——越来越多的人希望通过"房屋升级"，跟上所在地区房地产市场的上涨行情。他们卖掉 10 年前花 50 万美元购得、目前价值 140 万美元的房子，然后在当地投资更昂贵的房子。他们预测，这些升级后的房产会比以前的房子升值速度更快。

许多房产升级投资者掌握了当地房地产市场的丰富信息，一些升级投资甚至发生在同一社区中。这种情况在美国南方、西南和西部的新兴城市更为普遍。

大多数资产型富人所住的社区建于数十年前。根据调查，财务

表 8-1 财务自由者的住房：购置时间

（样本数：733）

购置时间	购房者所占百分比（%）	
	更早买房	更晚买房
1968	10	90
1977	25	75
1986	50	50
1993	75	25
1995	90	10
1996	95	5
1998	99	1

表 8-2 财务自由者的住房：购买时的价格对比当前价格

（样本数：733）

购买时的价格（万美元）	买房人数所占百分比（%）
30 以下	29.7
30 ~ 39.9999	7.8
40 ~ 49.9999	9.2
50 ~ 99.9999	28.1
100 及以上	25.2
当前价格（万美元）	该价位的住房所占百分比（%）
30 以下	0.6
30 ~ 39.9999	2.0
40 ~ 49.9999	4.9
50 ~ 99.9999	31.2
100 及以上	61.3

自由者的住宅建造年份的中位数是 1958 年（表 8-3），我们当中有 2/3 的人买的房子建于 1973 年以前，只有不到 1/20 的房子建于 20 世纪 90 年代。

大多数财务自由者喜欢居住在设施完善的老社区。在这些社区中，房子看起来既不现代也不时尚，但是从建造精良、设计传统的殖民地风格建筑到英国都铎式建筑，我们的房子看起来都很有质感。尽管我们大多数人很有钱，但一般不喜欢住太大的房子。我们当中的已婚夫妇一般只有两三个孩子，所以只有 1.7% 的人住着有 8 间以上卧室的房子，52% 的房子卧室数量不超过 4 间。只有 2.3% 的人住的房子洗手间超过 8 间，46.6% 的房子洗手间不超过 3 间。

社区的变化

埃布尔夫妇是典型的资产型富人，他们注意到最近社区中发生了一些变化。有些人在出售房屋，但买方与他们并不是同一类型的人，其中有一对典型的收入型富人——史蒂夫·亚当斯夫妇。

美国的许多收入型富人正在资产型富人所住的社区积极购房。史蒂夫先生今年 35 岁，是一位股票经纪人，去年的收入超过 50 万美元。赚了这么多钱，他和妻子很开心，于是买了一幢价值 140 万美元的房子，而 15 年前原房主买下这幢房子时只花了不到 40 万美元。

为了支付房款，史蒂夫先生背上了 120 万美元的巨额按揭贷款。在他的邻居中，只有约 5% 的人按揭贷款余额超过 100 万美元（表 8-4）。但在与史蒂夫先生年龄相仿、职业类型相近的群体中，用巨额按揭贷款购买上百万美元的房子是普遍现象。根据我的统计数据，

30～40岁的高收入人士在巨额按揭贷款市场上占了相当大的比重。

史蒂夫先生还没有实现财务自由，他发现，他的大多数邻居都是资产型富人，他们不用依靠销售提成或者股票维持生活。简而言之，从不用短期收入预期来负担长期借款。

表8-3 财务自由者的住房：建造时间
（样本数：733）

建造时间	更早建成的住房所占百分比（％）	更晚建成的住房所占百分比（％）
1922	10	90
1935	25	75
1958	50	50
1978	75	25
1989	90	10
1993	95	5

表8-4 财务自由者的住房：未支付的按揭贷款数额
（样本数：733）

未支付的按揭贷款数额（万美元）	人数百分比（％）	累积百分比（％）
无按揭贷款	39.9	39.9
10以下	10.2	50.1
10～29.9999	15.9	66.0
30～49.9999	13.0	79.0
50～99.9999	16.3	95.3
100及以上	4.7	100.0

史蒂夫先生只能祈祷自己此后几年不会失去销售提成和客户群，如果股市下跌或者收入减半，史蒂夫就会破产。届时，他的房子或许会被人低价收购，买家很可能是一对资产型富人夫妇。他们将是少数留出足够现金持续寻找好机会的人。这类人不会被收入增长的兴奋冲昏头脑，从而做出超出财力的不明智购买行为。

不只是股票经纪人，许多从事类似销售工作的人往往会根据当前收入大幅举债，入住资产型富人所在的社区，但他们错过了房子升值的最好时期——目前购买的房子在过去的十几年间已经升值了2～3倍。

他们入市太晚了，只能等待下一个经济上升周期。他们只有在完成销售目标后才有提成，而且目标销售额会随着经济的繁荣上调。房地产价格和经济状况直接相关，当经济环境良好、股市繁荣发展时，房价也会上涨。

这些销售专家在经济形势好的时候收入也会增长，但即使这样，他们的净资产水平还是比较低，因为他们总是花了借、借了花。

而资产型富人与此完全不同，他们只会在积累了充足的财富并有确定的预期现金流时才会购买房产。

假设你是富人社区的长住居民，回想一下，上一次经济不振、股市低迷时，哪些人在你所在的社区买了房子？他们可能是：殡仪馆经营者、废旧金属回收商、废弃物管理企业经营者、停车场经营者、心脏外科医生、大型律师事务所高级合伙人、会计师事务所高级合伙人。

只有当房价在可承受范围内时，这些资产型富人才会购房。

"好房子"在哪里

你是否曾花费大量时间到处找房子？许多受访者告诉我，找一处"好房子"的过程实在令人沮丧。似乎任何时候，市场上所有在售的房子都有明显的缺点。那么真正的"好房子"在哪里？

大多数情况下，"好房子"都会很快售出。我所说的"好房子"是指环境优越、地基稳固、装修考究、位于高档社区并且有优质公立中小学配套的房子。这样的房子到了房地产经纪人手中，通常几天内就会售出，甚至在公开房源信息之前就已经卖掉了。有时，即使没有中介的帮助，"好房子"也照样能顺利出售。

当明智的潜在买家向可靠的房地产经纪人寻求帮助时，他们会告诉经纪人：我们不急于一时，可以耐心等待，但我们是认真的买家，如果有"好房子"，请尽快通知我们，请记住我们的标准——房子必须有一流的环境，地理位置优越。

绝大多数财务自由者属于此类买家，他们从不急于在短时间内买到房子。

与之形成鲜明对比的是，许多普通雇员经常因为换工作而不得不搬家，并且只有短短几天的时间寻找新的住处。频繁搬迁不利于积累财富，美国有超过一半的财务自由者至少 10 年没有搬过家，其中超过 20% 的人在一所房子里住了 25 年以上。

假设你正在找房子，面前有两个选择：一处房子房龄 25 年，仍住着最初的房主；另一处房子在同一地区，换过 8 任房主。像大多数财务自由者一样，你很可能会优先选择前者。8 任主人会在房子里留下 8 种不同的使用痕迹，明智的买家会选择转手次数少的房子。

那么如何找到转手次数少的房子呢？最常用的方法就是委托可靠的房地产经纪人，但有许多"好房子"并没有做广告或是雇房地产经纪人也会顺利售出。

以我的经历为例，父亲去世时，我们知道母亲迟早要卖掉房子。我们的房子完全符合"好房子"的定义——质量好，设计好，维护好，地段好，在45年间只经历过两任房主。母亲等了六七个月，确定了搬家的日子，然后告诉一些邻居，她准备卖掉这栋房子。有房地产经纪人打来电话说，可以帮忙代售，只收取7%的佣金，但母亲拒绝了。她自信地告诉邻居，自己并不急于出售。最终，出现了几位迫切的买家，母亲欣然售出了房子，各种手续费总共不到1 000美元。

这件事告诉我们，你也可以像许多富有的卖家一样，通过在当地散播消息寻找买家，而不一定要花钱雇房地产经纪人。

我的朋友比利·吉尔摩发现了一个买房技巧。当时他正在寻找"好房子"，偶然得知当地一个开发商那里有许多待售的公寓。他推测开发商或许有一份潜在买家名单，这些买家希望先售出现有住房，然后再签订新的购房合同。开发商可以告诉比利许多这样的买家信息，这样他就能据此找到满足自己要求的房子，实现双赢。

我曾经遇到过一些非常积极的买家，他们会亲自到社区走访，看到感兴趣的房子就主动敲门询问。是的，这种上门求购也有一定效果。不过，一般情况下，要找到一处房主正好有出售打算的"好房子"，会耗费很多时间和精力。

按照一般的逻辑，普通人购房时应该小心谨慎、深思熟虑，财务自由的人则不必考虑太多，因为即便决策失误，也不会破产。但事实并非如此，相比于普通人，财务自由者在购房的过程中更加谨慎。有趣的是，不同财富水平的财务自由者也有一些区别。

哪些人会寻找丧失赎回权、离婚分割或作为遗产拍卖的"便宜"房产——是净资产有 100 万~ 200 万美元的人，还是千万资产的人？36% 资产超千万的人表示会购买丧失赎回权、离婚分割或作为遗产拍卖的"便宜"房产，而百万资产的人中只有 18% 表示会通过这种方式购买房产。

注意，这些人都是在寻找自住房而非打算出租的廉价房。你会惊讶地发现，一些富有的潜在购房者会关注讣告，因为那可能预示着作为遗产的房屋即将出售。积极的人不会坐等"好房子"出现，一位财务自由者甚至将求购启事放到了目标社区的居民信箱中：

求购启事

我想在这个社区买一套房子，如果您有可能在明年出售房屋，请拨打下面的电话联系我。

几天后，她就接到了售房者的来电。

财务自由者的买房建议

财务自由者如何购买房产呢？对于大多数财务自由者而言，他们能获得财务自由可部分归功于谨慎选择住宅，他们购买的房产往往会大幅升值。普通人不必等到实现财务自由再实践他们的策略，因为大多数财务自由者都是白手起家、从零开始的，购房也是他们总体投资计划的一部分。大约有90%的财务自由者会定期研究投资方案、制订计划。

第一课：能够在任何时候放弃交易。

有些房子让人心动、不想放弃，但仍有82%的财务自由者表示，如果目标房源未达到某项要求，他们可以随时对卖家说"不"（表8-5）。这一比例与净资产水平相关，与资产百万的群体相比，资产千万的群体中有更多人这样做。

一位白手起家的财务自由者曾经给了我一些建议。他告诉我，任何难以"放弃"的交易都不应该开始谈判，这就是他的购买原则。他说，让感情左右交易是一种不明智的行为，一个人不应该爱上任何资产——包括房子。

第二课：不要按最初的要价购房。

如果有人按照卖方的要价买房子，这个人很可能不是财务自由者。在购房过程中，86%的财务自由者会要求卖方打折，另外14%的人也不会盲目地支付"要价"。他们花费大量时间研究房产价格走势，当真正合适的价格出现时才迅速出手。

霍利和丈夫比尔就是这样的人，他们40岁出头，遵循"量入为出"的原则生活，但也充分了解在能彰显身份的社区拥有体面住房意味着什么。这类房子在当地一直供不应求，经常是房屋信息刚登上报纸就被卖掉了。有些房屋信息甚至没来得及上报，因为在卖家通知房地产经纪人的当天,房子就找到了买家。经纪人掌握着一份潜在购房者的名单,这些人都在等着好房子出现。

霍利经常和几位住在优质社区的房主打桥牌。有一次,一位牌友说她的邻居马上要搬家,准备在一两个星期内出售房子。

了解到这个好信息,两个小时后霍利就敲开了卖家的门。听到对方的报价,她立刻意识到价格很合理,于是第二天早晨就和丈夫去交了保证金。

表 8-5 财务自由者的购房策略
(样本数:733)

购房策略		遵循策略的人所占百分比(%)
谨慎思考	不要按最初的要价购房	86
	能够在任何时候放弃交易	82
	了解同一社区最近成交房屋的价格	79
	永远不要试图在短时间内买到房子	54
	花时间寻找最划算的交易	65
仔细寻找	寻找有优秀公立中小学的社区	79
	买负担得起的房子	58
	寻找房产税合理的地区	26
	寻找维护成本低的房子	25
	寻找丧失赎回权、离婚分割、作为遗产拍卖的"便宜"房子	25
节约成本	通过压价试探卖方的价格敏感度	46
	要求房地产经纪人降低佣金,以便卖方降低价格	32
	购买建筑用地,请建筑承包商建房	27
	与建筑承包商、卖方协商降价	18

这样的案例很常见。大多数财务自由者买房时，至少会选择两处符合要求的房子，然后开始谈判。谈判的关键是了解市场和价格走向，并且向卖方表示坚决不支付"要价"。要做到这些，就需要花费一些时间研究房子所在社区最近成交的房屋的价格。

46%的财务自由者表示，他们确实会通过压价试探卖方的价格敏感度，然后根据卖家的反应进行评估。有些财务自由者还会采取更进一步的行动——要求房地产经纪人降低佣金，他们希望通过这种方式将成交价再降低一些。

你能想象到实现财务自由的人也会认真地讨价还价吗？其实购房者的净资产水平和谈判积极性之间呈显著的正相关关系。有42%的净资产超千万的财务自由者是"积极的谈判者"，而净资产在100万～200万美元之间的财务自由者中，只有29%的人表示会积极地谈判。

第三课：永远不要试图在短时间内买到房子。

在大多数情况下，仓促做决定会导致多花很多钱。有些财务自由者表示他们也曾做出过不太理想的购房决策，而这些决策通常是仓促之中做出的。

如果你不得不在短时间内买房子，一定要尽可能找可靠的房地产经纪人咨询。一位业务熟练、业绩优秀的经纪人就是一个活的信息数据库，他可以预测买什么样的房子能在1年、5年甚至10年后保值、增值。你甚至可以联系以前委托过这位经纪人的客户，向他们咨询经纪人对房子价值预测的准确度。优秀的房地产经纪人有良好的业绩记录,即使在市场低迷时期,他们也能快速促成交易。

怎样才能找到优秀的房地产经纪人呢?你可以通过纸质媒体或者上网查找房地产公司的信息,给这些公司的经理打电话,请他们推荐优秀的经纪人,然后联系他们,此外,一些成功人士还发现了一种可靠的方法。他们常常与有多个办事处的大中型知名律师事务所合作,如果需要从纽约搬到亚特兰大或者从芝加哥搬到丹佛,他们会请自己的律师推荐住在相应城市的同事,然后再请那些同事帮忙介绍房地产经纪人。

普通人也可以借鉴这些成功人士的经验,委托律师帮助处理相关事务。这样不仅可以得到专业的服务,还能借用他们的信息资源,有些律师事务所的合作伙伴是房地产专家,他们能帮你找到优秀的经纪人,你可以请律师帮你分析购房合同并完善相关条款。与优秀的律师事务所保持密切联系往往有很多意想不到的益处。

第四课:考虑寻找丧失赎回权、离婚分割、作为遗产拍卖的"便宜"房子。

你从银行买过房子吗?我买过,并且买到了一套真正便宜的房子。当时,我在草坪上捡到了一张销售传单,出售的是一套丧失了赎回权的新房。这种方式并不罕见,我调查过的一些财务自由者比我更积极主动:25%的人称他们曾主动寻找过这样的房子。

1987年,在美国股市崩盘后的36个月内,高达37%的购房者在寻找丧失赎回权的房子,一些财务自由者通过律师事务所发现了这样的机会。那么,你不妨向律师深入请教:你们事务所有没有人专攻丧失赎回权、离婚分割或者遗产拍卖方面的案子？作为客户，我能否了解一些可能会以"便宜"价格出售的房子？

根据我的调查，相比于其他职业群体，律师更有可能找到便宜的房子。有些豪宅的建筑商和房主可能因为一些意外情况面临资金短缺问题，还有些喜欢投机的冒险家居住在价值百万的豪宅中，但他们的短期收入并不足以支付长期按揭贷款。因此，即使在经济形势良好的时候，也有许多因信贷问题被迫出售的豪宅。

第五课：参考财务自由者关于建造定制住宅的建议。

根据调查，只有27%的财务自由者建造过定制住宅。有些人购买过建筑商或开发商出于投机目的建造的新房或接近完工的房子，但大多数人购买的是二手房。他们不愿意定制住宅有多种原因，稍后会详细阐述。

如果你一定要拥有一套为自己量身定制的房子，首先要明白：建一座房子就如同进入一个你几乎一无所知的行业，并且要与众多陌生人一起工作。尽管建筑承包商是你的合作伙伴，但大多数经济风险仍然由你一个人承担。

我建议你充分利用与会计师和律师之间的互惠互利关系。这些专业人士了解不同的住宅建筑承包商，有和各种承包商打交道的经验。他们能力非凡，可以满足各种需求。此前，有位富有的医生想建一所定制住宅，优秀的会计师阿特·吉福德给了他很多帮助。吉福德先生是一位经验丰富的谈判专家，经常参与各种类型的交易谈判。

我的一位客户是神经外科医生，与他聊天的过程中，我发现他差点被利用。他马上要与一个建筑承包商签合同，但他对与承包商打交道毫无经验。

这桩交易存在许多问题。建筑商要求我的客户支付所有成本外加15%的报酬。对于一幢造价110万美元的房子来说，这简直是诈骗。

除此之外，建房所需土地价值30万美元，建筑商还想让我的客户支付5%也就是1.5万美元的土地销售佣金。

这个建筑商就像一个经纪人，1.5万美元的土地销售佣金加上110万美元的15%作为报酬，利润总共18万美元，还不包括他销售土地赚的10多万美元。

我告诉建筑商，客户委托我全权负责谈判。我重新考虑了在目前这种市场形势下其他建筑商的报价，并咨询了几位建筑商客户。对于这种造价的住宅，他们通常只收取10%的报酬。

我还告诉他，这块土地本不该有销售佣金。同时，我认为10%的报酬更合理。

我的客户讨厌争论，并且也没有时间争论。许多人不好意思讨价还价，尤其是医生。我很愿意代表他进行谈判，我一向享受谈判过程，尤其是代表客户的时候。

我和建筑商谈判时，做的第一件事是砍掉5%的土地销售佣金。只用了几分钟，我就为客户节省了1.5万美元。几轮交谈后，建筑商同意将报酬从造价的15%降到10%。最终，我为客户节省了大约7万美元。

吉福德先生没有因这次谈判向客户收取费用。他告诉我：

> 他是我的客户，已经为我们提供的会计和纳税筹划服务支付了费用。其他一切都是免费的，属于我们服务的一部分。不过，我告诉他方便时请给我介绍一些业务或者把我们介绍给他的朋友们。这就是我们做生意的方式。

这就是吉福德先生的会计业务不断发展壮大的原因之一，最终建筑商也成了吉福德先生的客户，因为吉福德先生给他介绍了好几位富有的客户。他给神经外科医生和另外几位客户建的房子好极了。吉福德先生非常清楚如何将客户变成朋友，使大家互惠共赢。他从来不欺骗供应商，或是把建筑商的利润压得太低。

> 永远不要妄想达成利益悬殊的协议，供应商、建筑商或其他任何人都希望交易公平。如果你砍价太狠，那么在房屋建好后，他们很可能不会提供维修服务。
>
> 对于汽车销售商也应如此。我确实能大幅砍价，让他们甚至以低于成本的价格将汽车卖给我的客户，但他们会对我感到厌恶。可以想象，在这种情况下他们能为我的客户提供什么样的保修服务，压价太低的后果会对售后造成隐患。但是，你也不能任凭建筑商漫天要价。保证公平和利益均衡，才能实现双赢。

如果我经过慎重考虑后决定建一所昂贵的房子，我会让律师与建筑商谈判。建筑商经验丰富，而我严重缺乏反驳他的能力。我还会让我的会计师加入团队，请他把关建筑合同中的资金问题。

为什么要请这些第三方参与？因为从长远来看，这样可以省许多钱。会计师和律师每小时收费数百美元，但如果能借此达成公平的交易，他们将为你节省5倍、10倍甚至20倍的费用。不仅如此，当建筑商或其他供应商意识到客户有经验丰富的专业代理人时，他们一般会做得更好。

第六课：买负担得起的房子。

许多人曾经出于各种原因买过自己难以负担的房子，一些财务自由者也曾有这样的经历，事实上，有42%的财务自由者这样做过。不过，他们并未因此破产，反而通过房产增值获得了可观的利润回报，这是如何发生的呢？其中的一个重要因素是房子未来能否升值，另外一个需要考虑的因素是购买者的收入能否显著提升。

当你考虑购买一套有些难以负担的房子时请三思，你是否能按时支付按揭贷款？你的收入是否会下降？在不久的将来，房子能否大幅升值？诚实地回答这些问题后，就不太可能出现重大财务失误了。

如果你只能支付12万美元的定金，却要购买一套价值120万美元的房子，并且欺骗自己从此会高枕无忧，结果会怎样？在还完每月的按揭贷款、扣除家庭日常开支后，你将分文不剩。不过，许多"购买豪宅的冒险家"相信这只是暂时的问题，他们告诉我：我的收入会每年持续增长；今后几年房价会爆炸式上涨；我是一个成熟的投资者，并没有拿太多钱去冒险，这只是一桩杠杆交易；我只用了 12 万美元,就控制了银行的 110 万美元;5 年内房子将增值一倍。

面对这样的逻辑,我的反应是快把全国最顶尖的破产清算律师的联系方式给这些冒险家。与他们形成鲜明对比的是,大多数财务自由者在 40~50 岁、购买住房前,就已经非常富有了。他们对自己和房产市场有清醒客观的认识。

有人问我什么才算负担得起的房子,答案非常简单。假设买房后一年内,你的年实现收入下降了一半,你能坚持支付多久按揭贷款和其他相关开支?如果你的投资项目也贬值了 50%,那么在至少 5 年内你能保持收支平衡吗?如果不能,你想购买的房子就是难以负担的。

很难让冒险家相信福祸相倚,他们或许从未有过在经济不景气的时候必须赚得一份收入的经历。他们认为眼前的经济繁荣会持续下去,但事实并非如此。他们是典型的在景气时住房超支和过分提高自己生活标准的人,往往会根据最高年收入判断自己承担高昂住房开支和维持奢华生活方式的能力。

许多成熟高效的投资者对所谓的经济繁荣时期怀有复杂情感。他们享受参与繁荣经济的乐趣,也能在不景气的时候有所收获。他们喜欢不景气的时候,因为这时市场会淘汰冒险家,然后成熟的"老兵"就少了许多竞争对手。聪明的人认识到,贷款利率降低和家庭收入快速增长会导致房价显著提高。房价快速上涨吸引了冒险家入市,而大量高收入冒险家的加入又进一步推高了房价。这样,到了经济衰退周期,就会有许多高端住宅抛售。

格林与布卢

格林先生的净资产明显高于与他收入水平相当的人，他之所以如此富有，是因为制订了一个完整合理的投资组合方案。格林先生的投资并不局限于股票市场，但他明确表示投资上市公司的股票是他实现财务自由的原因之一，除此之外还有许多重要因素——他有猎人般的嗅觉，能够通过观察环境找到有利的投资机会，发现难得的机遇。

格林先生熟知本地房地产市场的发展趋势，他写信告诉我：

> 我们将房地产当作一个重要的投资领域，不执着于在某处长时间定居，通常会在一两年内卖掉房子，获得一笔税前210万美元或125%的利润。我们会另外建一所小一些的房子，在付清相对较少（11%）的按揭贷款和税款后，还能剩100万美元。欢迎你来康涅狄格州格林尼治镇做客。

格林一家现在的住房建于6年前，含土地费用在内一共花了170万美元。房子建好5年后，格林先生估计实际价值已升至380万美元。根据我的研究，这个数据非常保守，房子的价值很可能已经超过了400万美元。格林一家是典型的资产型富人。

如果你按照格林先生的投资方法进行房地产买卖，或许也能积累财富。在10年里，格林一家买卖房屋4次，每一次都有所获益。只有预测到准备购买的房子将来能够轻松卖个好价钱时，他们才会出手购买。他们知道，作为买方，准备越充分、谈判的次数越多，将来作为卖方时才会获得更大利益。与之形成鲜明对比的是布卢先生一家——典型的收入型富人,他们的净资产大约只有年实现收入的两倍,他们沉迷于消费,赚钱是为了花钱,贷款上百万美元才买到了梦寐以求的房子。

格林先生和布卢先生列出了他们的购房策略(表8-6)。他们都买过二手房,最近又都决定自己建房子。表格中的鲜明对比或许会给你一些启发。

布卢先生购买了自己难以负担的房子,也没有试探卖方的最低心理价位。与大多数收入型富人一样,他显得缺乏耐心,并且过度依赖信贷消费。收入突然大幅上升让他兴高采烈,为什么要等到财富积累到一定程度再消费?预支明天的财富就好。从收益表来看,布卢先生认为自己已经财务自由,并且确信自己能够负担得起250万美元的房子——毕竟,私人银行也批准了这笔巨额按揭贷款。

布卢先生预支了未来10年的收入,他将信贷作为优化资产负债表的有利工具,认为用"别人的钱"消费很正常。他认为花250万美元购买的房子将在短期内大幅升值。与大多数收入型富人一样,他坚信自己"做成了一笔真正成功的交易"。

但事实很可能出乎布卢先生的意料。在房地产市场,谁更成功?不是布卢一家,而是资产型富人——格林一家。

刚刚决定了建房子,布卢先生就想尽快完成。有经验的建筑承包商感觉他太心急。布卢先生并不太关心房子的造价,但对大小、外观、设计、是否有按摩浴缸和其他奢华装饰非常在意。

格林先生永远不会为这种房子支付250万美元。他经验丰富,很有耐心,从不会按照最初的要价购买房子。格林先生做了充分准备,对整个项目进行了合理估算,并大胆要求建筑商提供最近承建

表 8-6 购买策略：格林先生对比布卢先生

	购房策略	格林先生	布卢先生
谨慎思考	不要按最初的要价购房	是	是
	能够在任何时候放弃交易	是	是
	了解同一社区最近成交房屋的价格	是	是
	花时间寻找最划算的交易	是	否
	永远不要试图在短时间内买到房子	是	否
仔细寻找	寻找有优秀公立中小学的社区	是	否
	买负担得起的房子	是	否
	寻找维护成本低的房子	是	否
	寻找丧失赎回权、离婚分割、作为遗产拍卖的"便宜"房子	是	否
	寻找房产税合理的地区	否	否
节约成本	通过压价试探卖方的价格敏感度	是	否
	要求房地产经纪人降低佣金，以便卖方降低价格	是	否
	购买建筑用地，请建筑承包商建房	是	是
	与建筑承包商、卖方协商降价	是	否

房子的实际成本数据。而布卢先生仓促签约，完全不清楚建房子到底有哪些花费！

　　布卢先生有一种强烈的冲动，想通过一所独特的房子彰显个性。他的自我表现欲当然能够得到满足，但代价高昂。他梦想的住宅极其独特，以至于没有建筑商能提出一份类似项目的预算模板。在这种情况下，如何指望建筑商给出准确的成本数据？不参考准确的成本数据，就无法在谈判中获得实惠的价格。这样的房子建造成本比一般的住宅高得多，但当某一天不得不出售时，买家却不会关心房子的建造过程和当初的投入，因此很难收回成本。

格林先生之所以总是能够做成有利的交易，相当一部分原因是他充分了解当地的建筑商和住宅房地产市场。他坚持要求房地产经纪人降低佣金，以便卖方进一步降低房价。作为一个精明的谈判专家，他相信自己在这场游戏中的策略会有回报。他比布卢先生更有耐心，建筑商、房地产经纪人和房主都清楚这一点，他们能够充分理解格林先生的购买需求和潜台词：

- 我从来没有也永远不会期望在短时间内买到房子。我总是在寻找最好的机会。决定建房前，我可能会保留建筑用地很多年。
- 我会花费相当长的时间寻找最划算的交易，我很有耐心，从不仓促做出购房决定。
- 我一直在寻找丧失赎回权、离婚分割、作为遗产拍卖的"便宜"房子或土地。
- 建筑商先生，如果你执意坚持你的价格，那么我不介意再等待一段时间。我相信，当你时间充足的时候，或许有兴趣为我建房子。
- 我买房子不仅是为了居住，更是为了投资。你可以考虑降低佣金，这样卖方也将降低房价。
- 许多人非常信赖我，经常请我推荐房地产经纪人。
- 我认识社区里的许多人。他们总是请我帮忙选择建筑承包商。

格林先生之所以能在房地产投资中获得成功，还有一个原因，就是关注房屋生命周期成本。所谓生命周期成本，就是包括随着时间流逝，与特定房屋有关的直接和间接成本。

布卢先生更关注房屋的原始成本，但总体而言，在这两个方面他都没有格林先生敏感。决定购房时，收入型富人经常对房屋的原始成本和生命周期成本盲目乐观。

对于房屋生命周期成本的不同态度显示出资产型富人和收入型富人之间最大的区别。比如，在挑选有优秀公立中小学的社区时，布卢先生不会在搬到新社区之前主动研究配套的学校情况。当他意识到社区公立学校的教学水平只是中等偏下时，一笔未曾料到的私立学校学费就出现了。在其他与建设用地交易有关的生命周期成本之外，额外增加了每年数万美元的私立学校学费。

大多数财务自由者表示，优秀的公立学校是影响他们选择社区的一个重要因素。79%的人称，在选择住房的过程中，一个重要的决策依据是社区是否有配套的优秀公立中小学。

如果你觉得很难准确评估财富、房产价值和优秀公立学校之间的关系，那么只需考虑一下送3个孩子就读私立学校的成本即可。财务自由家庭通常会有几个孩子，这些人会居住在一个只能上私立学校的社区吗？这些人宁愿购买贵一些的住宅，也要选择一个有优秀公立中小学的社区。

此外，在接受调查的财务自由者中，只有26%的人有意识地寻找房产税合理的社区。大多数资产型富人会有意识地在支付较高房产税和拥有优秀公立中小学之间进行权衡。格林先生从来没有妄想过搬到一个既有优秀公立中小学、房产税又低的社区，在他看来，低税率社区通常意味着公立中小学师资质量有限。

大多数美国人不会为一套 5 居室的房子花 170 万美元。如果格林夫妇愿意住在三州交界的城镇，完全可以花更少的钱在那里购买设计相似、空间差不多大的 5 居室房子。但他们最后还是选择了格林尼治，因为便宜房子所在的社区不符合他们的要求。对他们而言，花 70 万美元买一套房子但所在社区没有增值潜力才是真正的风险。在接下来的 6 年中，他们投资了 170 万美元的房产增值了一倍，因为他们买的是高端社区的高端住宅，那个社区受到了越来越多富有购房者的追捧。

为什么格林先生的选择比布卢先生更明智？因为布卢先生的目光不够长远。销售股市投资产品是他高收入的来源，他完全沉溺于此，忽视了其他的收益机会。

像布卢先生这样的人很多。影响他们做出明智决策的原因之一是，他们总是为工作筋疲力尽，娱乐较少。你以为他们接受了"努力工作，尽情玩乐"的生活方式，但实际上他们参加社会活动和娱乐活动的时间比资产型富人少得多。在所有的高收入群体中，他们"真心热爱工作"的可能性最低。许多资产型富人工作非常努力，但他们并不是工作狂，而只是单纯地热爱自己的工作。

收入型富人赚得多也花得多，他们往往不屑于为减少家庭开支动脑筋，而格林先生这样的资产型富人则认为，采取省钱策略也是一种工作。使用优惠券购物或许不能让你在短期内实现财务自由，但长期坚持累积下的资金会对资产总额产生重要影响，这样资产型富人就可以投入更多资金购买房产，这是一种优质投资。

猎人的嗅觉

20 世纪 80 年代早期，美国的按揭贷款利率达到当时的历史最高纪录，货币市场基金收益率接近 20%。人们纷纷退出股票市场，因为他们赚到了足够的现金和空前的收益。在一些地区的住宅房地产市场，按揭贷款利率接近 20%，人们普遍失去了消费欲望，这种情况抑制了房价。卖家都在祈祷能尽快处理掉手中的房子，但有些房子几个月甚至几年都卖不出去，只能闲置。

那时，我住在亚特兰大市郊区，刚好想买一所离市中心近一点的房子，因为我上下班单程距离近 50 公里，而且途经的大桥还经常堵车。每当堵在那里的时候，我都在想：如果住到河对岸，每天就可以节省 1 小时的时间。我内心很矛盾：在利率如此之高的时候，再买一所房子是愚蠢的行为。我就这样挣扎了一天又一天。

当我采访完一组百万资产的财务自由者后，挣扎结束了。他们关于房地产投资的观点让我印象深刻。在自我介绍时，我提到自己住在佐治亚州亚特兰大市郊，而他们都在纽约市区生活和工作，都是企业主和白手起家的富人。

出乎我的意料，有一位受访者将亚特兰大视为"机会之城"，其他人也认可这种观点。在采访间歇和结束以后，几位受访者谈了他们对佐治亚州房地产市场的看法。他们问我近期是否考虑在亚特兰大买房，还热心地推荐了最看好的区域。

我认为这些信息毫无意义。首先，这些财务自由者中没有一个人是房地产专家，他们所属的行业有印刷、办公用品行业、制造业等；其次，我对他们投资房地产的热情感到困惑：为什么这些人都热衷于投资房地产市场，而且是在亚特兰大？

我告诉他们，我没有购买房产的计划，因为贷款利率很高，市场普遍不景气，美丽的亚特兰大也受到了高利率的冲击。一位受访者的话对我产生了深远的影响。

> 布朗先生：托马斯，这是购房的最佳时机！
> 我：但利率这么高，谁会购买？
> 布朗先生：聪明的人，因为他们不需要贷款。你考虑过买房吗？
> 我：我考虑过许多次。事实上，我一直在考虑是否要建房，但这样做依然会受利率影响。
> 布朗先生：你有足够的现金在好地段买一块住宅用地吗？
> 我：有。
> 布朗先生：那就行动吧，现在就行动，永远不要从众。我敢打赌现在有大量房地产在抛售。你可以关注相关的广告，试着给一些有抵押品赎回权的银行打电话咨询。

第二天，我开始研究土地市场。布朗先生是对的——广告中有很多待售的住宅用地。我买了一块面积4 000平方米的土地，那里曾经是一个种植园，售价2.95万美元。就在两年前，同类土地价格还是这一价格的两倍。后来，同类的土地售价涨到了10万美元。

经济不景气时，一些持有"好房子"和土地的建筑商损失严重，还有高额债务需要偿还。尽管他们手中的房产和土地的售价已经低于成本，但购买者依然寥寥。

当时，房地产市场中还有一个有趣的卖方群体，就是收入型富人。在亚特兰大经济形势大好时，他们纷纷购买土地——不是为了投资，而是用来建造"梦想住宅"。那时，他们支付了高昂的价格。繁荣的经济造就了众多高收入股票经纪人、人寿保险销售专家、工程和承包业务拓展专员、医疗保健专家，他们大多通过贷款购买土地，不顾消费和负债的重压，以为幸福时光会永远持续下去。

与此同时，资产型富人在出售土地。一些人手中的土地持有了数年，其间几经经济波动。他们在房地产价格达到顶峰时卖出，然后在市场反转时利用买入价极低的土地建房子，或是用土地换购建筑商持有的房屋。有些人在定期关注的住宅区发现了"最好的交易"，还有些人耐心地等待市场暴跌，再聘请建筑商建房——那时，建筑商会非常乐意以低价承建。

这就是研究小组中的财务自由者对房地产——尤其是亚特兰大房地产感兴趣的原因。小组中有几个人说，他们的孩子或孙子在埃默里大学或佐治亚理工学院上学，去学校看望孩子让他们有机会了解亚特兰大市场。他们非常高效，擅长一石二鸟，这是他们的一个重要特征。

房产是投资的一部分

资产型富人不会将鸡蛋放在一个篮子里，"把所有的钱都投资于自己的企业"只是一个理想的神话。他们从不依赖单一的投资方式，大多数人都有多元化的良性投资组合，房地产投资只是其中的一种形式。许多经常投资股票的财务自由者也持有一些房地产股份，一个人的净资产和房地产投资占比之间存在显著的相关关系。

在职业生涯早期我就学会了这一点。当时我在一家大型投资机构工作，负责研究财务自由者的投资习惯。当我对研究小组进行采访时，受访者告诉我，他们的很多资产都属于传统投资类型。他们大多数人都是精明的个人投资者，拥有工业地产、写字楼、工厂、医学研究所、公寓、度假屋和购物中心等。

有些人偶尔投资独栋住宅，一位受访者名叫阿尔文，拥有敏锐的"猎人的嗅觉"。他高中时就辍学了，目前经营着一家市值超过3 000万美元的分销企业，居住在纽约市郊的一个高端社区。他说自己的房子是在财务自由之后买的，那时的市场供大于求。在此后的大约15年时间里，房子增值了3倍。

阿尔文在房地产领域的投资很成功。他发现自己居住的社区中就存在大量投资机会。第一个目标房产离他家不远，因为房主离婚已闲置近一年，在此期间房子一直疏于修缮。那时房地产市场正处于疲软时期，阿尔文以很便宜的价格买下了房子，经过清扫、粉刷、修缮之后租给了一个亲戚。几年后，房产市场升温，他将房子溢价售出。

阿尔文是一个资产型富人，这一类型的人通常只在利润丰厚时出售房产，而不是在迫切需要用钱的时候。当市场处于上升阶段时，他会将房子标高价出售。这时房价每天都在上涨——他要做的只是找到一个愿意为这套房子支付最高价格的买家。

阿尔文这套房子的售价接近他的要价，最终他获得了超过50%的利润。如果他把资金投向股市，肯定无法获得这么多收益。

许多资产型富人都像阿尔文一样，将位于高端社区的房子标一个高价，然后等着以理想的价格出售。他们在供不应求时卖出，供大于求时买入。他们经常在自己所住小区或者邻近的社区购买降价的房子，或者自住，或者纯粹将它们作为一种投资。

因地制宜

越来越多的资产型富人成了区域房地产市场专家。当他们在自己非常了解的社区发现良好的投资机会时，会果断出击。

许多时候，售房消息是在打桥牌时或家长会的交流中获得的。这就像是球队的"主场比赛"——主队的优势是在自己所在地区比赛，拥有当地球迷的支持。而一些潜在买家或许由于工作变动，正打算几天之内在不了解的社区里尽快买下房子，这类买家通常是一些公司的员工，此时被置于不利的"客场"，所以最好聘请当地优秀的房地产经纪人提供帮助。

不过，如果能按照戴伊先生的方式购房，那么即便在不熟悉的地区也不会吃亏。戴伊先生曾在两家大型公司工作，有过6次远距离搬家的经历。他在芝加哥住过几年，然后在休斯敦住了更长一段时间，接着又搬到了奥兰多——不管搬到哪里，戴伊先生和妻子都能在搬家过程中低价买入高价卖出，获得可观的利润，他们有什么秘诀呢？

每一次搬到新的城市，戴伊先生和夫人都能反客为主，把自己转变成"主队"。戴伊先生告诉我，他从来不会将自己置于必须买房或卖房的恐慌状态中。像大多数资产型富人一样，他和妻子非常有耐心，并且有明确的购房目标和完整的计划。

戴伊先生此前供职于一家《财富》50强公司，当老板再一次通知他需要调动工作时，他和妻子早已有所准备。工作调动带来的新鲜感和搬到新住处的兴奋并不会致使他们做出错误的决定。

戴伊夫妇花了6个月时间卖掉老房子并买了新房。戴伊先生的老板很慷慨，每次戴伊夫妇要出售房子时，他都承诺以稍高出市场价的价格购买，但戴伊先生都拒绝了，因为他每次出售房子的成交价都至少高出市场价格15%。戴伊夫妇比经验丰富的估价师更胜一筹，他们坚信，干净的房屋能卖出好价钱！

他们待出售的房子总是一尘不染，随时都可以交钥匙。他们买房子时要求也极高——只买条件优越、将来出售时能获利的房子。

哪些人最有可能购买条件优越、可以马上入住但售价高于市场价格的房子呢？戴伊夫妇将房子卖给了一对从事计算机产业相关工作的上班族夫妇。这对夫妇年近40岁，搬家非常频繁。他们的收入很高，并且经常出差，因此没有兴趣修缮或装修房屋，也不想购买建筑商库存的房屋或定制住宅。他们明确地提出，新房子需要有草坪、新的装修、新的窗帘以及各种新配置。这对夫妇将全部精力投入了工作，积极追求事业，对他们而言在工作之外花费时间和精力非常不划算。

他们想要一所可以立刻入住的房屋，并且非常注重居住条件，不太纠结于价格。这对夫妇只有一个周末的时间寻找新居，而且对新城市的房地产市场一无所知。他们是进行"客场比赛"的收入型富人。最终，他们为这栋房子支付了历史最高价——超出市场价格近33%。17个月后，他们出售了这所房子，但价格只有买入时的85%。

决定更换居住地之前，要制订出细致的搬迁计划，无论你是普通员工还是为员工调动工作的老板。最好让房子保持良好的居住状态，同时与当地可靠的房地产经纪人保持联系。你可以请生意伙伴和房地产公司推荐优秀的房地产经纪人，面谈时向他们了解市场近况，大胆询问他们最近的销售业绩，特别是有多少刚搬迁到当地的客户，了解这些客户在找到理想房源前平均花费了多少时间。

通常，优秀的房地产经纪人与当地重要行业的大公司都有密切合作。比如在旧金山，就应该考虑选择与计算机和高科技行业公司有合作的经纪人。当一家大型公司从其他州聘请了一位重要员工时，为了帮助员工顺利适应当地的生活和工作，通常会寻求优秀房地产经纪人协助找房。如果能找到这样的经纪人，将对你非常有利。请邻居、朋友或者亲戚做经纪人并不明智。生意就是生意，除了高效的专业人士，其他人无法胜任。在我看来，最好的房地产经纪人既擅长获取房源，也擅长销售。

康妮·格伦的销售经

不是每个人都能卖房子，只有少数房地产经纪人能成为"非凡的销售专家"，并在房地产市场不景气时仍然能够创造业绩。康妮·格伦就是这样的人。

在按揭贷款利率将近20%的时候，我经历过房子卖不出去的困境。那时，亚特兰大的房地产市场供大于求。像其他的千千万万房主一样，我犯了一个错误，让我的朋友——一个兼职房地产经纪人帮我卖房子。两个多月里，没有人询价，没有人感兴趣，更没有交易。

必须要改变现状。我给亚特兰大最大的房地产公司的经理打电话:"我要找你们公司最好的经纪人……不是邓伍迪市或者罗斯韦尔市最好的,而是整个公司最好的经纪人。"

　　经理推荐了康妮。在我给康妮打电话后不久,她和助手就出现在我家。她同意接手我的房子,一夜之间,询价的人多了起来。不到一个月,房子按标价的95%售出。我很惊讶,因为市场形势不好,而且房子的壁板是雪松木。在佐治亚州,壁板最好不要用雪松木,因为它很容易变色和发霉,必须定期清理。谁愿意花这么多钱买这样的房子?没想到康妮从木材行业找到一位喜欢雪松木的经理!"托马斯,一位木材专家怎么可能住在砖砌的殖民式建筑里呢?那会严重影响他的公司形象。"

　　在与康妮的接触中我学会了一些市场营销技巧。如果你不想在房地产交易中亏损,就请一位销售专家帮忙吧。

　　——托马斯·斯坦利:《面向富人营销》

康妮的经理告诉我,康妮总能成功出售"其他人无法售出"的房源,由此建立起了良好的声誉。在她看来,每栋房子都存在潜在买家,关键在于如何找到,而康妮总能做到。

　　其实,康妮所做的很简单,只是大多数人看不到这一点罢了。销售才能通常隐藏在最简单、最实用的方式中。康妮会努力挖掘每栋房子独有的特征,然后作为卖点寻找对应的买家。

　　佐治亚州在美国木材生产领域排名前五,这里森林覆盖面积广阔,许多木材公司都在佐治亚州有办事处。从大公司到小林场,这里到处是从事木材生意的人。

佐治亚州被称为"木材之州"，这意味着许多搬到这里的人可能正在或即将从事木材行业的工作。康妮了解这一点，所以她与该行业以及其他几个相关行业建立了联系，在这些行业中树立了良好的声誉。她有着猎人般的嗅觉和志在必得的决心。

如果你经历过几次搬迁，并且每次都能聘请到康妮这样的经纪人，就有可能借助他们的销售专长赚取丰厚的利润。康妮这样的优秀经纪人对于保护和积累财富有重要帮助。

要注意，在制订买卖房产的计划时，一定要考虑时间问题。如果不得不搬到一个新地方，请不要慌乱，要提前考虑找房子需花费的时间。先租房或许是个好主意，这样就有足够的时间化被动为主动了。与购买一处能够升值并易于转售的房子相比，几个月的房租微乎其微。

升值还是贬值，由细节决定

令人难以置信的是，有些人在买房子上花费的时间还不如考虑买汽车的时间长。如果你正在考虑买房，请务必花时间研究所有细节。问问房主为什么要卖房子，通常人们对某套房子感兴趣时，很容易忽视周围的环境。所以请放慢脚步，在社区里走走看看，观察一下其他房子：有多少需要外部修缮，多少需要增加新的排水设施，草地和观赏灌木维护得怎么样，未来的邻居是谁，他们做什么工作……

此外，你还可以通过房地产经纪人了解社区的发展前景：房子会升值，还是表现平稳，抑或是贬值？经纪人会因为你的谨慎而更坦率地告诉你实情。和可能成为邻居的人聊聊天，问问他们喜不喜欢这个社区，了解一下附近的学校，这些信息都很有用。

还有一些问题能帮助你做出正确的购买决策：这个社区房产的增值空间与附近社区相比怎么样？如果社区中有 1/5 的房子需要重新粉刷外墙、隔壁的邻居家要进行整体装修，你还会考虑购买它吗？这些问题都要认真考虑。

许多社区的房子在贬值，富人区也不例外。我们通常很难预测一个社区的房子会贬值还是升值，对一些较新的社区来说尤其如此。在这一点上，我有一个简单的判断方法：仔细观察社区的房子，如果超过 1/5 的房子明显需要重新粉刷外墙或 1/5 以上的面积需要绿化，你或许就应该重新考虑。

自己建房还是购买成品

在我开始写作这一章那天，朋友约翰来拜访我。他正在犹豫应该自己建房还是买房，为此想要向我征求一些建议。约翰很幸运——关于这个问题，我刚获得一些数据：只有 27% 财务自由者选择自己建房；自己建房的财务自由者人数占比随着净资产水平的上升而提高，不过最多也只有 35% 的千万资产的财务自由者自己建过房子。

约翰似乎对这些数据有点惊讶，我早已预料到了他的反应。他之所以想建房子，是因为他认为那样可以省钱，而且以为大多数财务自由者都是自己建房而不是购买成品房。那么，事实究竟怎样呢？

自己建房真的省钱吗

为什么大多数财务自由者没有选择自己建房？因为他们相信与买房相比，虽然自己建房有一些好处，但并不能抵消为此付出的时间、精力和其他重要资源所带来的成本。

这个事实颠覆了传统观念。人们普遍认为富人喜欢定制，他们有强烈的个性需求，想拥有为自己专门设计的事物。有些人确实是这样，对他们而言，定制房屋不可替代，房子不只是住所，还是自我的延伸和自身形象的代表。转卖的房子不管多好，都不能满足这种需求。不过，这样的人只是这个群体中的一小部分，不足10%。

还有不到15%的财务自由者决定自己建造住宅，是因为他们相信这样能省钱。这些人对建造和购买房屋的成本差异非常敏感，但忽视了时间成本。他们认为，相比于自己的本职工作，在建造房屋上多花些时间更有价值。看到一栋售价40万美元的现房，或许他们会对自己说："我自己建只需要30万美元，并且包含土地成本。"

假如你是一位很有前途的律师，即将成为律师事务所的合伙人，年收入将一跃超过30万美元，你会花大量时间自己建房子吗？你打算在6～10个月内给建筑商、供应商和转包商打几百个电话吗？你会为了确保施工顺利进行，隔几天去一趟工地吗？

富有的律师不太可能自己建造住宅，原因有两个。首先，他们收入虽高，但工作强度大。高达80%的律师年收入超过20万美元，大约50%的律师年收入超过40万美元，但赚得这些收入需要投入大量的时间和精力——每一位委托人的情况都不同，他们要提供个性化服务。对他们来说，自己建造住宅是一项极为耗时的活动。

其次，律师非常清楚雇用建筑商须承担的经济风险。即便雇用本地最好、最诚实的建筑商，仍然可能发生不可预料的状况：如果在房屋框架刚刚建好或支付了部分启动资金后，建筑商突然生病或去世，谁来继续承建房屋？预先支付给建筑商的定金怎么办？有些房主甚至还遇到了以下问题：

• 我的建筑商请了一个临时工为前厅贴壁纸。完工后，那个临时工打来电话，问我妻子对壁纸是否满意。妻子说壁纸贴倒了，结果因此延迟了交房时间，致使我们的按揭贷款没被批准。我们不得不请了一个律师为此打官司，不仅多花了许多钱，还浪费了大量时间。

• 房屋建在陡坡上，看似拥有良好的视野，但承包商浇筑了地下室地面后，紧接着下了一场大雨，全部材料（包括未干的混凝土）都松动了。混凝土被冲到山下……承包商将责任推给了我，因为是我坚持要建地下室。

• 建筑商向我们保证地下没有岩石，但是开工后的第一天，他就打来电话问："不要地下室可以吗？我们在地下挖到了花岗岩。"后来我们用了200多支炸药，花了一个多星期的时间进行爆破和清理作业，为此陷入了资金短缺的困境，因为仅仅为了移除岩石就花费了1万美元！

• 工人在铺设地下管道的地基上凿了一个洞，然后在回填管道周围空隙时用错了砂浆，致使2.7米厚的地基彻底开裂……现在地基仍然有裂缝，下雨的时候还会漏水。后来我不得不请律师进行维权。

• 施工单位向建筑商多收了费用，建筑商将费用转嫁给了我们，但当我们提出质疑时，他却向我们发火。

• 建筑商说，星期三能搭建起框架。我们以为他说的是下星期三，没想到是两个月后的星期三。

• 建筑商承诺，泥瓦匠一回来上班，我们的壁炉就能完工。但后来我们才知道他本人就是他自己的泥瓦匠！

• 地毯安装工人用钉子穿透了报警系统的地面传感器，我们刚搬到新家就引来许多警察。

• 承包商请了一个新手来开推土机平整土地，结果他推平了180平方米的后院，那里原本栽满了各种本应保留的阔叶树。

• 截至完工，我们共收到来自360个供应商的发票。施工期间，我们至少和一半的工作人员有过沟通，这耗费了大量时间。

所以，如果你梦想拥有一幢定制的房子，请慎重考虑一下是否能承受以上可能发生的情况。请向律师寻求帮助，尽量请他们帮你找建筑商并协调涉及建造房屋的所有法律问题。如果没有律师的参与，永远不要武断地签订建筑施工合同。最好请律师帮你起草合同，然后请他与建筑商洽谈细节问题。

如果你一直坚持住宅的每个细节都要独一无二、专门设计，就要做好延长工期、失望、成本超支的准备。

当父母为你买房

一天早晨，亚当先生打电话到我的办公室：

> 亚当先生：最近我在考虑给30岁的儿子纳特买一套房子，价值42.5万美元，你觉得我应该这样做吗？

我：您认为您的儿子负担得起那套房子吗？

亚当先生：可能我没表达清楚……我是说，我付全款。

我：我知道。我说的不是价格的问题，而是维护这套价值42.5万美元的房子所需的成本，以及与房子相称的生活方式。

我向亚当先生解释，买房所需的42.5万美元好比一家乡村俱乐部的入会费，但月费是另外一个问题。

他似乎没有理解我的意思，认为他的儿子纳特不会因此有太大的经济负担，毕竟他不必支付按揭贷款就拥有了一套价值42.5万美元的房子，就这么简单。

我发现，其实亚当先生已经打定了主意，但他没有意识到将来住在那套房子里的是纳特和他的妻子，而不是他。

我：您儿子每年赚多少钱？

亚当先生：大概3万美元。

我：主要经济来源是什么？

亚当先生：他最近在保险行业找了份新工作。

我：他妻子呢？在工作吗？

亚当先生：她是一名兼职发型设计师，将来想辞职做家庭主妇。

我：您是说他们夫妻二人加起来的年收入刚刚超过4万美元吗？那与美国家庭的平均收入差不多。

纳特和妻子的全部收入刚刚达到美国家庭的平均水平，如果他们住在价值42.5万美元的房子里,从生活水平来说会与社区里的其他家庭产生明显差距——那些家庭的年收入超过了他们的3倍。

我:您认为您的儿子和儿媳住在那里合适吗?我必须告诉您,那个社区里的许多家庭的年收入超过10万美元。大多数人是公司高管、专业人士或者成功的企业主。

亚当先生:这事是儿媳提出来的。她喜欢那个社区,那里有网球和高尔夫球俱乐部,她想成为全职家庭主妇,闲暇时打打网球。

经过恳谈后,亚当先生还是没有接受我的建议。他仍然认为这只是一笔单纯的42.5万美元的交易,不会给儿子造成任何其他财务负担。我意识到自己必须提醒他权衡利弊,亚当先生没有意识到他的儿子和儿媳或许需要他大量且持久的经济援助,在房价普遍达到42.5万美元的社区中生活,需要庞大的开支。

我:您知道价值42.5万美元的房子每年要交多少房产税吗?

亚当先生:不知道。

我:7 600~8 000美元,并且税率在持续上涨。4万美元的总收入扣除所得税、社会保险等硬性支出之后,家庭实际收入可能不到3.5万美元。所以,房产税至少占实际收入的22%。

谈了房产税，我还提出了一系列有关的家庭开支问题。除此之外，我还向亚当先生说明了几个数据：42.5 万美元的房价超过目前美国单套住宅平均价格的 3 倍，就全美国而言，花 42.5 万美元买房子的人，其收入也超过了美国人均收入的 3 倍。

在美国，财务自由者的房子一般价值多少钱？这个问题很难回答，房产所在区域不同，价格也不同。美国有超过一半的社区没有财务自由者或者这个群体集中度较低，每 100 个家庭中或许只有几个财务自由家庭，而我所调查的家庭中，平均每 100 个中有 70 个属于财务自由群体。

美国国家税务局掌握了最全面的相关信息，他们提供的数据能够用来评估不同财富水平人群的房屋价值。这些信息非常容易理解，它包括所有的财务自由者，从美国农村富有的农民到蓝领社区富有的废旧金属回收商，再到身居高档社区豪宅中的非常富有的公司高管，全部涵盖在内。

因此，当亚当先生的儿子和儿媳要求购买昂贵的房子时，亚当先生应该告诉他们：全美国大多数财务自由者居住的房子价值远低于 42.5 万美元，既然这些财务自由者能舒适地住在便宜的房子里，那么他们也能如此。

请注意表 8-7 中所示数据，美国国家税务局数据库涵盖了全国范围内的财务自由家庭的相关信息，根据这些信息，我们可以看到这些财务自由者的住房平均价值为 27.764 万美元。净资产水平在 250 万～499.9999 万美元的财务自由者，住房平均价值为 35.4043 万美元。纳特想要的房子比大多数财务自由者的都要昂贵！

表 8-7 财务自由者的净资产对比住宅的平均价值

净资产（万美元）	平均净资产（美元）	住宅的平均价值（美元）
100 ~ 249.9999	1 470 553	220 796
250 ~ 499.9999	3 392 416	354 043
500 ~ 999.9999	6 809 409	545 499
1 000 ~ 1 999.9999	14 045 501	779 444
2 000 及以上	58 229 024	1 073 980
所有财务自由者	2 938 515	277 640

数据来源：美国 MRI 数据库 1999 年数据和美国国家税务局 1996 年预测数据。

来自父母援助的残酷现实

美国有成千上万富有的父母遇到过或将要面临与亚当先生类似的问题。为了避免孩子讨要购房资金等经济援助，他们采取了哪些措施？或许，可以写一个这样的总结：

致：纳特们和纳特妻子们
来自：你们的父母
回复：关于你们的住房援助要求

阅读完以下信息后，请重新考虑你们索要一套价值42.5万美元的房子的要求是否合理。

平均而言，美国财务自由家庭的净资产不到 300 万美元，他们住宅的价值只有 27.764 万美元。你们还没有实现财务自由，为什么一定要购买价值42.5万美元的房子呢？你们要求的住房是已经实现财务自由的人住宅平均价值的153.1%。

平均而言，这些财务自由者的年实现收入大约为14.5万美元，而目前你们的家庭年收入大约是4万美元，只有他们的27.6%。按照这样的收入比例，为什么不考虑购买价格在7.7万美元左右的房子呢？

距离市中心30～50公里的郊区，有一些初次购房者能负担得起的低价小房子或小公寓。即便你们坚持住更贵的房子，我们也只能资助7.7万美元，超出的费用你必须自己承担。或者，你们可以考虑推迟购房计划，直到攒够资金为止。

亚当先生的案例很典型。对纳特而言，他是一位称职的父亲，他相信给纳特买下42.5万美元的房子后，纳特便会在某种程度上实现自给自足。但事实上，即使纳特和他妻子的收入翻倍，他们也难以维持生计。

当纳特拥有了这套房子后，他和妻子可能会继续要求亚当先生提供经济援助，这并不能真正帮助纳特成长。高收入的邻居并不会将纳特变成一个财务自由的人。在表8-8中，我附上了一些年收入与纳特相当的家庭的日常开支数据，表中还有纳特理想住房所在社区的邻居的开支数据（他们的年收入超过9万美元）。值得注意的是，后者的年平均支出是80 645美元，超过纳特夫妇目前收入的两倍。

接受经济援助通常会有一些附带条件。有一对年近40岁的夫妇，想建造一栋造价57万美元的房子，但他们的资金不太充裕，

表 8-8 年平均支出：年收入低于 9 万美元的家庭对比年收入超过 9 万美元的家庭

项目	年收入低于 9 万美元的家庭	年收入超过 9 万美元的家庭
家庭数量	79 704 个	5 022 个
税前收入	30 220 美元	136 898 美元
屋主平均年龄	47.9 岁	47.1 岁
家庭状况		
家中人数	2.5 人	3.1 人
未成年人数	0.7 人	0.8 人
65 岁及以上的人数	0.3 人	0.1 人
有固定收入的人数	1.2 人	2.1 人
汽车	1.8 辆	2.7 辆
拥有住房者所占百分比	61%	91%
有按揭贷款（在所有家庭中）	36%	75%
有按揭贷款（在拥有住房者中）	59%	82%
租房者	39%	9%
黑人	11%	4%
白人或其他人种	89%	96%
有大学学历	46%	82%
总支出	30 167 美元	80 645 美元
食品支出	4 321 美元	9 010 美元
日常饮食支出	2 721 美元	4 451 美元
外出饮食支出	1 608 美元	4 559 美元
住房支出	9 448 美元	25 121 美元
临时住所	5 251 美元	14 532 美元

(续表)

项目	年收入低于9万美元的家庭	年收入超过9万美元的家庭
自有住房	3 080 美元	11 887 美元
租赁房屋	1 864 美元	940 美元
水电气和公共服务费	2 091 美元	3 491 美元
家庭日常开支	423 美元	1 876 美元
家政服务支出	412 美元	967 美元
家居装饰和家电支出	1 272 美元	4 255 美元
服装和服务	1 540 美元	4 732 美元
交通	5 690 美元	12 521 美元
购置汽车	2 547 美元	4 964 美元
汽油、润滑油及其他	2 831 美元	6 101 美元
公共交通	312 美元	1 455 美元
卫生保健	1 696 美元	2 747 美元
娱乐	1 476 美元	4 467 美元
教育	389 美元	1 816 美元
现金捐款	863 美元	4 019 美元
个人保险和养老金	2 870 美元	12 614 美元
数据来源：美国劳工统计局，1994～1995年数据，1998年11月汇总发布。		

于是丈夫向已退休的父母寻求资助。他的父母前半生都生活在俄亥俄州，一直希望搬到离儿子家近一点的地方。

儿子打电话寻求资助的那天，他们觉得这是一个契机。夫妇二人想出了一个两全其美的好方法，称他们愿意提供资助，但有一个条件——建筑师需要对房屋设计做一些调整。整个地下室要做成公寓，要有两间卧室、整体厨房、浴室、书房、地毯以及齐全的家电。当他们想搬离俄亥俄州时，可以直接搬进去住。如果父母中有一方去世或失去自理能力，可能会搬去得更早。这确实是个好主意！儿子可以得到几十万美元的资助，父母的晚年生活也会更舒适便利，相信他们双方都会赞成这个提议。

第 9 章　财务自由者的真实生活

一天，一位明星电台主播给我打电话，问我是否愿意接受采访，我欣然同意。在电话中，他的声音很好听，也非常有说服力——他的广播节目收听率位居当地电台前三位。

让我有点疑惑的是，主播先生请我在节目开始前一小时到场，当我抵达后很快就发现了原因。寒暄后，他开始向我认真请教问题。他的工作合同需要续签，为此花了大量时间与电台高管谈判。他坚信不请经纪人能省下许多钱，所以万事亲力亲为。不到10分钟，电台明星就坦承了他的财务危机：他的信用卡透支了3万多美元，每年要支付的利息至少有7 000美元。

3万美元的债务对他来说很平常，但多年来他一直有未偿债务，数额通常超过了3万美元。这位主播先生的年收入超过10万美元，属于美国收入最高的前7%。但事实上，他的净资产是负数。这怎么可能？他要供养一大家人吗？要为年迈的亲人支付高昂的医药费？还是他和妻子购买了一栋昂贵的房子？抑或是他一次性付清了所有助学贷款？

以上猜想都是错的！他仍然单身，房子是租的，和许多人一样，他认为挥霍才算真正享受生活。过度消费已经融入了他的思想和习惯，他相信购买某些产品和服务会直接影响一个人的幸福指数。

每个人都想快乐地享受生活，但只有在收入不断增长的情况下才能如愿。主播先生会怎样向电台高管提出加薪的要求呢？他将自己的生活状态直接告诉了老板——他处于负债状态，收支失衡，而获得快乐的唯一方式就是不断消费尽情享乐。

如果你是老板，会怎样回应他？员工面临破产，要求增加薪水。作为老板，或许会基于他的工作能力酌情考虑加薪，而这并不是问题的关键。主播先生需要这份工作，他在这次博弈中处于被动地位。他有十多只手表、两辆高级轿车，可以在当地顶级单身酒吧记账消费，经常出入高级餐厅并且购买了各种娱乐设备，但这些都无法改善他糟糕的财务状况。他没有资产，就像站在刀刃之上，如果没有薪水，他连一两个月都支撑不了。

实际状况本来已经够糟了，主播先生又把自己的经济状况告诉了老板，让自身的处境更为不利。老板可能根本不会给这样的人加薪，甚至会考虑换掉他，因为被债务控制的员工无法全心投入工作，长期负资产的状况会让人难以集中精力，对工作有负面影响。

很不幸，主播先生不明白，一个人要从生活中感到快乐，不一定要大肆消费。他过度讲究吃穿、饮酒、娱乐、放纵，浪费了太多钱。他错误地认为这就是富人的生活方式，认为财务自由者比他更放纵，但实际上适度消费和健康自律才是美国财务自由者的主流生活方式。

真实与想象

让我们在脑海中描绘一下典型的财务自由者的形象,你认为他们的生活方式与大多数人有什么不同吗?注意,本书研究的财务自由者都是最优秀的企业主、公司高管、医生和律师。他们住在优质社区,大多受过良好教育,约有90%的人大学毕业,年平均实现收入超过60万美元,净资产超过100万美元。

工作之外的闲暇时间,他们都在做什么?他们不是工作狂,热衷参与的活动和兴趣爱好也并不像好莱坞制片人和编剧描绘的那样奢华,大多数人的生活方式都很平衡。

记住,他们善于创造高收入和积累财富,他们的日常活动与这些目标直接相关,计划投资、咨询顾问等活动占了大部分。在其他活动方面,他们并没什么特别,往往只有少数特殊习惯。

表9-1 财务自由者的日常活动:一个月的主要活动
(样本数:733)

活动	百分比(%)	排名
与孩子、孙辈交流	93	1
招待亲密的朋友	88	2
计划投资	86	3
研究投资机会	78	4
拍照	67	5
观看孩子参加运动比赛	61	6

(续表)

活动	百分比（%）	排名
咨询投资顾问	59	7
研究艺术品投资	53	8
做礼拜	52	9
跑步	47	10[*1]
做祷告	47	10[*1]
在连锁快餐店用餐	46	12
打高尔夫球	45	13
参加演讲	43	14
参加教会活动	37	15
照顾年迈的亲人	35	16
自己动手做木工活	31	17[*1]
在大型仓储式超市购物	31	17[*1]
买彩票	27	19
在萨克斯第五大道精品百货店购物	26	20
研究、收藏红酒	25	21
打网球	23	22
网购	22	23[*1]
阅读《圣经》	22	23[*1]
在布克兄弟购物	19	25
在西尔斯百货或彭尼百货购物	17	26
驾驶四驱越野车出游	5	27

[*1] 排名与其他活动并列。

表 9-1 中列举了他们日常的 27 种活动，以及在一个月中参加过这些活动的人所占百分比，并据此进行了排名。表 9-2 对各种活动进行了分类。

亲朋好友与消费的快乐

在各项活动中，财务自由者最喜爱的是与家人交流，排在第 2 位的是招待亲密的朋友。

想想孩提时代与好朋友在一起是多么快乐，一起玩泥巴、荡秋千，很少需要花钱。和好朋友一起打桥牌或者共进晚餐要花很多钱吗？并不会花多少，最重要的是与在意的人在一起。

如今，"快乐"变成了许多产品和服务的营销工具，导致太多年轻人认为真正的快乐建立在消费之上。真的需要买一艘 5 万美元的游艇才能和好朋友一起出游吗？没有游艇就没有朋友吗？只有花钱去迪士尼乐园才能享受到快乐吗？没有滑雪度假屋就结识不到新

表 9-2 财务自由者一个月的主要活动：按活动类型分类
（样本数：733）

活动		百分比（%）	排名
信仰	做礼拜	52	9
	做祷告	47	10[*1]
	参加演讲	43	14
	参加教会活动	37	15
	阅读《圣经》	22	23[*1]

(续表)

活动		百分比（%）	排名
投资	研究投资机会	78	4
	计划投资	86	3
	咨询投资顾问	59	7
	研究艺术品投资	53	8
日常消费	在连锁快餐店用餐	46	12
	在大型仓储式超市购物	31	17*1
	自己动手做木工活	31	17*1
	在西尔斯百货或彭尼百货购物	17	26
家庭	与孩子、孙辈交流	93	1
	观看孩子参加运动比赛	61	6
	照顾年迈的亲人	35	16
高端消费	打高尔夫球	45	13
	在萨克斯第五大道精品百货店购物	26	20
	研究、收藏红酒	25	21
	在布克兄弟购物	19	25
	驾驶四驱越野车出游	5	27
朋友	招待亲密的朋友	88	2
	拍照	67	5
健康	跑步	47	10*1
	打网球	23	22
个人活动	买彩票	27	19
	网购	22	23*1

*1 排名与其他活动并列。

朋友吗？都不是！朋友们喜欢你、愿意跟你在一起，从来都不是因为你拥有高级消费品。

年轻人要知道，百万资产甚至是大多数千万资产的财务自由者并不依靠消费享受生活。他们的快乐和满足更多地与家庭、朋友、信仰、财务独立、身体健康有关。换一个角度思考，如果一个人拥有价值百万美元的消费品却没有亲密的朋友和美满的家庭，岂不令人惋惜？事实上，一个人参加与人打交道的活动的频率，与净资产水平存在显著正相关关系。一位财务自由者告诉我，他曾经做过几年女儿所在垒球队的教练，借此机会，他认识了许多出色的家长，他们大多是企业主，其中一些人最终成了他的客户。参加各种活动会让人更加积极主动，有助于增进与其他成功人士的交流。

观看孩子参加运动比赛

许多成功人士酷爱打高尔夫球和网球，这些活动与他们的财富水平显著相关，但与观看孩子参加运动比赛相比，高尔夫当然排在后面。在他们经常参加的活动中，打高尔夫球排第13位，高达61%的生活家表示，观看孩子参加运动比赛更重要。

大约50%的财务自由者曾参加过竞技运动，并且大多数参与者认为他们从竞技运动中受益匪浅，这些经历使他们强化了某种竞争天性，懂得了团队精神的重要性。另有数据表明，学生时期经常参加体育活动的人成年后更优秀。总之，定期锻炼对身体和心理都很有益。

大多数财务自由者阶层的父母会鼓励孩子参加运动，他们相信这有助于促进孩子们全面发展，并且会尽可能抽出时间观看孩子参加运动比赛。这并不是说他们比其他父母更好或者更爱孩子，而是涉及人们慎重安排时间和各种活动优先次序的问题。一个人的净资产水平与观看孩子参加运动比赛的频率之间，存在显著的正相关关系。

　　这怎么可能呢？财务自由者的标志之一是能够自己分配时间。从全国范围的调查数据可以看出，这种相关关系非常显著。大多数财务自由者是企业主或专业人士，他们可以自己制订时间表，上市公司聘请的高管也会非常慎重地分配时间。这些人有特定的工作，如何完成则取决于自己。而对于在流水线上工作或者驾驶卡车的蓝领工人而言，工作的安排别无选择。因此财务自由者们有更多可自主支配的时间。

实惠的活动

　　一个人不能同时出现在两个地方，所以如果你选择看孩子打球，就不能去百货商店购物，如果你选择和孩子交流或者陪他在后院玩接球游戏，就不能到赌场玩老虎机。事实证明，财务自由者更喜欢"实惠的活动"。

　　请注意表9-3中的数据。表中对比了参与各种活动的人数，实惠的活动全面超过了高消费活动。可以看出，这不只是消费的问题——许多实惠的活动确实对一个人实现财务自由有所帮助。有47%的财务自由者选择做祷告，对他们而言，信仰是他们生活的动力之一。正如前文中阐述的那样，信仰是推动他们获得财务和精神满足的一个重要因素。

表 9-3 财务自由者的日常活动：实惠的活动对比高消费活动（样本数：733）

实惠的活动	百分比（%）	高消费活动	百分比（%）	差值（%）	比值	更多人参与的活动
与孩子、孙辈交流	93	在布克兄弟购物	19	74	4.9	实惠的活动
招待亲密的朋友	88	网购	22	66	4.0	实惠的活动
计划投资	86	在萨克斯第五大道精品百货店购物	26	60	3.3	实惠的活动
研究投资机会	78	研究、收藏红酒	25	53	3.1	实惠的活动
拍照	67	驾驶四驱越野车出游	5	62	13.4	实惠的活动
观看孩子参加运动比赛	61	在布克兄弟购物	19	42	3.2	实惠的活动
做礼拜	52	买彩票	27	25	1.9	实惠的活动
做祷告	47	在布克兄弟购物	19	28	2.5	实惠的活动

对于实惠的活动，还需从多个角度来理解。大多数财务自由者不会事必躬亲，尤其是当一项工作需要花费大量时间的时候。他们知道，时间就是金钱，花费时间做自己不擅长的事并不明智。

还有些活动是财务自由者必定会参与的，比如打高尔夫球。如果算上俱乐部会费、球场使用费、装备和服装费，打高尔夫球确实是一项昂贵的运动。但事实证明，为此付出的费用和机会成本是值得的。在球场上，重头戏是与客户培养感情，保持愉快的合作。不过，在财务自由者的日常活动排名中，打高尔夫球远远低于排名第3的"计划投资"。

财务自由者的一年

以一年为研究期可以更全面地了解一个人的生活方式，表9-4列示了30种财务自由者的日常活动，以及从事这些活动的人数百分比和相应的排名，而表9-5对这些活动进行了分类。

表9-4 财务自由者的日常活动：近一年的主要活动（样本数：733）

活动	百分比（%）	排名
咨询税务专家	85	1
参观博物馆	81	2
社区活动	68	3
整理花园	67	4
筹集慈善基金	64	5
观看大型体育联赛	62	6
贸易、行业协会活动	61	7
观看百老汇演出	60	8
参加募捐活动	57	9*1

(续表)

活动	百分比（%）	排名
去海外度假	57	9*¹
逛古董市场、参加拍卖会	49	11
收购原创艺术品	42	12
买彩票	33	13
钓鱼	30	14*¹
准备税务报表	30	14*¹
自己动手修管道	27	16
去赌场	25	17*¹
野营、徒步	25	17*¹
在落基山滑雪	22	19
驾驶游艇出海	20	20*¹
去巴黎度假	20	20*¹
修剪草坪	19	22
观看摇滚音乐会	17	23*¹
去棕榈泉度假	17	23*¹
自己粉刷房屋外墙	13	25
打猎、射击	11	26*¹
观看大满贯网球锦标赛	11	26*¹
水上漂流	9	28
在阿尔卑斯山滑雪	4	29
乘坐远洋游轮环游世界	3	30

*¹ 排名与其他活动并列。

表 9-5 财务自由者近一年的日常活动：按活动类型分类
（样本数：733）

活动		百分比（%）	排名
社会活动	社区活动	68	3
	筹集慈善基金	64	5
	参加募捐活动	57	9*1
	贸易、行业协会活动	61	7
艺术活动	参观博物馆	81	2*1
	观看百老汇演出	60	8
	逛古董市场、参加拍卖会	49	11
	收购原创艺术品	42	12
	观看摇滚音乐会	17	23
家庭维护	整理花园	67	4
	自己动手修管道	27	16
	修剪草坪	19	22
	自己粉刷房屋外墙	13	25
户外运动	观看大型体育联赛	62	6
	钓鱼	30	14*1
	野营、徒步	25	17*1
	在落基山滑雪	22	19
	驾驶游艇出海	20	20*1
	打猎、射击	11	26*1
	观看大满贯网球锦标赛	11	26*1
	水上漂流	9	28
	在阿尔卑斯山滑雪	4	29

(续表)

活动		百分比（%）	排名
博彩	买彩票	33	13
	去赌场	25	17*1
旅行度假	去海外度假	57	9*1
	去巴黎度假	20	20*1
	去棕榈泉度假	17	23*1
	乘坐远洋游轮环游世界	3	30
税务	咨询税务专家	85	1
	准备税务报表	30	14*1

*1 排名与其他活动并列。

实现财务自由的人的日常活动并不像大众想象的那么奢侈。相反，那些奢侈的生活方式在"伪富豪"中更常见，他们恰好解释了大多数生活奢侈的人永远不能实现财务自由的原因。

提到财务自由者，大多数美国人联想到的是优雅的、高消费的生活方式。那么，他们究竟热衷于哪些活动呢？在落基山滑雪，在阿尔卑斯山滑雪，驾驶游艇出海，去赌场，乘坐远洋游轮环游世界，去棕榈泉度假，观看大满贯网球锦标赛，去巴黎度假。

其实按照活动参与人数的百分比排名来看，以上活动都排在后半部分。排名第一的活动是咨询税务专家。

研究数据显示，财务自由者一年缴纳的所得税的平均数超过30万美元，其中将近20%的人纳税超过100万美元，收入越高，税率和纳税额也越高，咨询税务专家或许与庞大的税务支出有关。在美国，年实现收入在100万美元以上的家庭不足千分之一，但缴纳的所得税却占全部所得税的14.7%。显然，大多数财务自由者明白咨询税务专家的必要性。即使缴纳的税金只缩减5%或10%，也相当于节省下了孩子的大学学费。

还有一些与税务相关的信息值得注意，在受访的财务自由者中，只有30%的人选择自己准备税务报表，其中1/3是注册会计师或税务律师。这里有一种有趣的现象，净资产相对较少的人更倾向于凡事亲力亲为，一个人的财富水平和聘请专业人士申报纳税显著相关。

也许有人认为，或许他们年轻时也会亲自动手做许多事，但事实并非如此。在高收入和高净资产群体中，年龄对从事这类活动没有多大影响。

上文列举的日常活动中，有一种活动与净资产水平呈最显著的负相关关系，尤为引人注意，那就是玩彩票。一个人的净资产水平越高，玩彩票的可能性就越低。

办公室之外的财务自由者

工作努力并且选择了理想职业的年轻人将来最有可能实现财务自由，但是这些人必须关注一些工作之外的活动。首先，要有意识地与税务顾问或精通税收优惠政策的投资顾问保持密切联系；其次，在社区活动中要积极主动，参与筹集慈善基金是一项高尚的活动。

注意，在我的研究中，有64%的财务自由者在过去一年中参与了这类活动，这与净资产水平有非常显著的正相关关系。

一些人或许认为，筹集慈善基金应该是那些已经非常富有、在财务自由群体中也属于佼佼者的人从事的活动，至少是由巨额财产继承人主导的活动。事实上，从事这类志愿活动的服务时间与年龄或财富没有太大关系，它并不是一项纯粹的富人活动。大多数财务自由者在实现财务自由之前就已经开始参与了，他们只是单纯地为了做慈善。

做好事确实能得到回报。当高经济产出人士作为志愿者在慈善资金募集活动中相遇时，他们很可能相互了解并相互欣赏。为崇高的事业服务时人们会展现出最好的一面，诚信度和声誉也会得到相应的提升。

通过多年研究，我发现了一个简单的道理：如果你想变得富有，请多多与高经济产出的人交往。

艺术、娱乐和旅行

生活中还有哪些活动与财富水平相关？一个人积累的财富越多，就越热衷于艺术、娱乐和旅行。

这看起来与前文提到的观点——财务自由者只将钱花在能提升他们财富水平的事情上——有些矛盾。人们总是想当然地认为，假期是为了消遣，与商务、投资或减少纳税金额无关。但对于许多财务自由者而言，度假尤其是海外度假通常能够提升净资产水平。

请看一个案例。去年，爱德华兹医生的净收入近 100 万美元。他是一位杰出的医生，致力于不断创新和改革医疗技术，还结合实践撰写并发表了多篇论文，经常受邀出席地区、全国和国际性的医学学术会议，并就研究成果发表演讲。

有许多会议活动邀请爱德华兹医生,他的办公桌上经常放着数封来自不同机构的邀请函,其中一些甚至承诺提供1 000美元的报酬并报销食宿费用。由于经常飞往各地参加会议,他累积了许多里程积分——足以带全家人免费飞往世界任何地方。

由于有机会频繁飞往海外,爱德华兹医生将部分演讲报酬作为投资资金,用于在欧洲投资原创艺术品并参加古董拍卖会。

爱德华兹医生的案例在财务自由者群体中很常见。只有少数财务自由者去海外旅行的目的是单纯的度假。对大多数财务自由者而言,度假通常与生意、投资和娱乐结合在一起。

财务自由者在哪里

假设你是一个毫无经验的市场研究人员,被委派去采访财务自由者,你有很高的报销额度,足以周游世界去寻访目标对象,但是老板对你的工作结果并不满意。

你向老板汇报说发现他们在巴黎度假,但老板将表9-6拿给你看,数据显示,去年只有20%的财务自由者曾到巴黎度假。你对此难以置信,像大多数人一样,你认为财务自由者必定贪图享乐。你永远想象不到这些人坐在税务专家的办公室里研究如何报税的样子,但这一群体出现在税务专家办公室的概率是在巴黎度假的4倍。

你又努力寻找在阿尔卑斯山滑雪的财务自由者,但老板仍然不满意——去年只有4%的财务自由者去阿尔卑斯山滑雪。虽然有些财务自由者确实搭乘远洋游轮环游世界,但这些人只占了总人数的3%。老板建议你换个思路,他刚刚雇用了一位年轻女士——埃伦。

她积极参加募捐活动,并且表示大多数财务自由者都热衷于募集慈善基金,她已经与许多财务自由者一起工作过。如表 9-6 中的数据所示,埃伦是正确的,对于财务自由者而言,奢侈消费已经过时了,募捐活动成了他们更关注的事。

早起的鸟儿和高效的创新者

早起的鸟儿有虫吃,这是真的吗?如果勤奋、早起就可以实现财务自由,那么许多校车司机和送奶工早就成功了。成功没有定式,某些重要因素可以解释财富水平的差异,但也只是可能性相对较高。早起确实是好事,但并不能说早起工作的人都能实现财务自由。

表 9-6 咨询税务专家或参加募捐活动对比高消费活动
（样本数:733）

高消费活动	百分比（%）	咨询税务专家(85%)对比该项目的倍数	参加募捐活动(64%)对比该项目的倍数
在落基山滑雪	22	3.9	2.9
驾驶游艇出海	20	4.3	3.2
去巴黎度假	20	4.3	3.2
在棕榈泉度假	17	5.0	3.8
观看大满贯网球锦标赛	11	7.7	5.8
在阿尔卑斯山滑雪	4	21.3	16.0
乘坐远洋游轮环游世界	3	28.3	21.3

以前家人告诉我，比别人起得早可以提高收入、实现财务自由，我深信不疑。小时候，我经常利用周末兼职做高尔夫球童。一些有经验的球童抱怨主管分配工作时不公正，当时我只有12岁，在球童队伍中最小、经验最少，总是被分配为两位从不给小费的老人服务，给他们背包、拿折叠椅。

我对两位老人并无不满，因为我是没有经验的球童，而他们是财务自由者。不过一些年龄稍大的球童讨厌为这样的老人服务，他们认为主管将慷慨的顾客分配给了亲戚和儿子的朋友。

为了解决这个问题，俱乐部采用了一种看起来很客观的工作分配方法——每天早晨第一个报到的球童将被分配给第一个四人组顾客（为这样的顾客服务可能拿到更多小费）。这一方法看似简单民主，实则问题多多。

这种方法没能持续多久，因为一些客人提出了强烈抗议。此前总是最机灵、最有经验的球童为他们服务，给小费时他们通常也非常慷慨。作为球童，要做的远不止背包，一名优秀的球童既是顾问，能够提出可行的建议，又能激励人，帮助球手打出更好的成绩。

在某种程度上，这与建立财富类似。更有效率的人，无论是球童或律师，通常都比同一行业低效率的人赚得更多。一个律师仅仅是比别人更早到法庭，并不能保证会赢得诉讼。

对于球童来说，按照到岗时间分配工作的方法也很糟糕。在新方法实施的第一个星期六，我早晨7点到达了球童站，那里已经挤满了球童。于是下一个星期六我凌晨4点就起床了，骑着自行车在5点半之前到达俱乐部，但我仍然不是最早的——已经有五六个球

319

童站在那里了。最早到的人睡在了男厕所地板上,他们前一天晚上11点左右就已经到了。

总之,新的工作分配方法很失败,既浪费了时间,又没能提供让人满意的服务,效率非常低下。其实效率与财富是密切相关的,实现财务自由必须找到正确途径。财务自由者会有效利用假期,通过高效工作获得报酬。最早起床或最早开始工作并不能使人们成功——真正重要的是工作时保持高效。

在高校中,备课最充分、最博学、最高效的老师并没有比那些效率低下的老师获得更好的待遇。只有在竞争最激烈的学校,他们才会因为表现卓越获得相应奖励。在普通学校,一个老师的工作资历更重要。有志向的高效能人士不会接受这种逻辑,在经济资源分配中,当客观绩效标准被赋予最高权重时,资历就不应被视为唯一重要的因素。否则,高效能人士就会选择离开或者降低效能。

如果一个人在一个有绩效奖励的环境中工作,就很有可能因受到激励而提高效能。

早起并不困难,但"第一"才是最重要的。率先设计出某种创新产品,足以击败所有比你起得早的人。让那些"跟风"的人在天亮前起床吧,对他们来说,每天工作12小时或许是跻身竞争激烈行业的必然要求。

请记住,论资排辈在美国经济行政服务部门无处不在,很少有公务员实现财务自由。真正的财务自由者希望通过绩效获得奖励。对他们而言,起床时间和财务自由根本没有显著相关关系。典型的生活家工作日起床时间大约是早晨6点40分。起床时间中位数是早晨6点25分。只有20%的财务自由者在5点40分之前起床。

过去我起床比现在早得多，不带课的时候也经常每天写作8～10小时。后来我发现，每天只写作三四个小时的时候，书稿和论文的完成速度会快得多。作家的大脑犹如一台思想发动机，如果高速运转三四个小时后就会停止工作，那么一天写作6小时或许会适得其反。

你是否经常听说富有事业心的企业家每天凌晨3点起床？关于不同职业群体的财务自由者每个工作日的起床时间，在统计学上并没有显著差异。平均来说，公司高管起床时间比其他职业群体稍早，但差异并不显著。

两个"早晨"

我的一位导师比尔·达登是生活形态研究领域的权威。读研究生的时候，我的研究室在他的办公室正对面。当时，比尔是一位副教授，我注意到他每天都是在上午过半后才来到学校。他在的时候办公室的门一直开着，对前来请教的研究生非常友善，为这些学生花了大量时间。那么，他什么时候做研究和写作呢？

有一天凌晨2点时，我进入了计算机中心。我要运行一些非常繁复的程序，需要许多计算时间，所以我被排到晚上工作。那时计算机中心没什么人，比尔正好在那里。他告诉我，大多数凌晨时间他都在工作、写作、处理大量数据，因为没有助手可以帮他做这些事。

我的同学都认为比尔每天上午10点或11点才开始工作，但他们都错了。实际上，比尔有两个"早晨"：第一个"早晨"大约是凌晨1点～3点，随后他回去休息；第二个"早晨"是上午10点。

在大多数一流大学，教学人员都习惯于长时间地专心工作，但很少看到他们早上 8 点就坐在办公室，他们会自主分配时间，许多高效能人士也是如此。如果你能掌控自己的工作时间，制订时间表，或许就会发现朝八晚五并不适合你。只要效率高，无论是凌晨 2 点半还是上午 10 点开始工作都没关系。

为什么比尔选择在凌晨 1 点开始工作，而非上午 9 点？因为他发现在正常工作时间，计算机中心总是太拥挤，容易让人分心。

比尔之所以能够成为一位杰出的教授，是因为他的创新性研究经常在顶尖学术期刊上发表。人们不会问他什么时间开始工作，因为并非每个人精力最充沛的时间都在白天，比尔告诉我，他最好、最有成效的工作成果和创意都出现在黎明之前，而这正是大多数人睡觉的时间。你在什么时候效率最高？调整好自己的状态和工作时间，你将事半功倍。

第 10 章　最后的提示

财务自由者在年轻时学会了什么？他们告诉我，自己最大的收获是学会了独立思考。

本书的一个中心思想就是：与众不同是有价值的。有一种人，我始终没有兴趣研究，就是那些所谓的"优秀人才"。这些人似乎注定要成功，通常智力超群；从幼儿园到法学院、医学院或研究生院成绩都是全优，又以优异的成绩从美国最好的高校毕业；他们抱负远大、外形出众，在大学运动比赛中入选了全国最佳阵容；他们不费吹灰之力就可以年入百万，为崇高的理想奋斗；他们身体健康，至少有过 5 个伴侣，每个都是超模……

为什么我对这些人没有兴趣？尽管大多数人都认为这些所谓的优秀人才是构成美国财务自由阶层的主体，但我最感兴趣的还是萨金特·罗斯曼那样的人——带着一条受过伤的手臂奋战的王牌战斗机飞行员。本书前文中曾讲述他如何弥补自身的不足，成功完成了战斗任务。实际上，正是因为无法像其他飞行员一样采用传统战斗方式，才促使他改变战斗策略，发挥创造性思维，最终成为一名王牌飞行员。

我想从那些或多或少有些不完美的人身上学习如何获得成功，因为他们明白如何在竞争中获胜。许多财务自由者告诉我，如果他们也是所谓的"优秀人才"，或许永远不会有现在的成就，因为那样他们就会松懈，不必非常小心谨慎地选择理想的职业。

唐纳德·松纳向我讲述了他的经历。他是位于田纳西州布里斯托尔市的南方布鲁默尔制造公司的老板，自24岁实现财务自由以来，他的人生经历了多次起伏。那么是什么让他下决心为自己工作，并促使他想出用废弃布料生产监狱犯人的内衣和擦枪布的呢？

"那时我非常年轻，在农场卖力地工作。"他回忆道。

当时，我们只能到位于村里商店中的邮局取邮件、寄东西。一些商贩会到商店兜售手套、烟斗、袜子之类的东西。商店老板从他们手中收购这些东西，商贩们拿到钱后卷成卷装进夹克。他们有很多钱，我们这些农村穷小子从来没有见过那么多钱，我感觉这些家伙的钱比上帝的还要多。

15岁的时候，我有了一辆旧皮卡，开着车去北卡罗来纳州批发袜子。我卖了两头小母牛，用卖牛的钱作为本钱，然后寻找便宜的货源。回家的时候，我意识到自己买的全是二手货，商店不会要，于是我去了锯木厂。最终，袜子全部卖光，利润丰厚。此后我批发并卖出去了更多袜子，不过我想要的远不止这些。

有了这次经验，唐纳德找到了属于他的市场，开始通过售卖廉价商品和二手商品赚钱。

我做的是二手生意，收购二手货、不成套的衣物、纺织厂的淘汰品，再想办法把它们卖掉。

就像回收二手汽车零件然后再二次销售一样，我们试着廉价销售所有能销售的东西，至少可以当作废布卖给工厂。

后来，唐纳德几乎垄断了擦枪布市场。这些擦枪布都是用四处搜集来的碎布和瑕疵品制作的。他说：

最开始人们都嘲笑我。他们说："他干不了多久。"事实上这是天赐的商机，我赚了很多钱，最后，擦枪布成了我们重要的生意。

锯木厂需要廉价袜子、部队需要擦枪布——基于市场需求，他成立了公司。另外有一个市场大多数人都想不到——需要廉价衣物的监狱和精神病院，于是他开始为囚犯和精神病人做内衣。

在当今的服装市场，大型连锁企业取代了众多小型商店成为主导。唐纳德说，小商店必须更有创造性，创意不需要太多资本。

唐纳德的妻子威妮弗蕾德与他一起经营企业，是一位很棒的搭档、开拓市场的先锋，让他能够专注于生产。唐纳德说："她光彩照人，内心美好，也充满斗志，有求胜欲。"

不管在哪儿，我和威妮弗蕾德都非常和谐。我们是一个完美的团队，我不知道谁是主导，但我们之间有一种奇妙的默契。

在事业和生活中，什么更重要——是对工作的热爱、财富还是良好的教育背景？唐纳德说：

你必须热爱自己正在做的事，就像一只追逐野兔的猎犬。为了抓住它，将其他事情置之度外。成功后，你会获得极大的成就感。

我没有受过良好教育，高中只上了一年，但我认为在大多数情况下，求胜欲比学历更重要。

对唐纳德而言，在赚钱的同时学会控制开销是他学到的重要一课。对于渴望创业的年轻人，他有一个建议：

我和许多喜欢讨论消费的人不同。在这个世界上，如果什么东西都想买，最终反而会一无所有。借贷曾经使我破产，今后我不会再借一分钱。

我买得起任何我想开的车，但我开的却是一辆1988款的小型货车，1990年买的时候花了5 000美元，开了10多年，现在车况依然良好。我还有一辆1982款的沃尔沃轿车，买的时候花了3 000美元，也仍然很干净、漂亮。

他认为过度举债是最严重的商业失误。

> 对一家新成立的企业来说，借太多钱是很糟糕的事。如果你没有资金，就要学习在没有资金的情况下做事。如果你借了太多钱，很有可能决策失误。钱越多，犯的错就越大。
>
> 每周7天、每天24小时都要支付利息。如果不是被逼无奈，何必花钱去养活银行？你也不用做那么多事。

他还认为，造成创业失败的另一个主要原因是库存太多。

> 库存量过高是导致许多小型企业倒闭的主要原因。我认为经营实业是个好选择，因为生产出来的产品看得见摸得着，这样你就会想办法使库存流动起来。
>
> 同时，必须有所牺牲，学会在资金匮乏的情况下经营企业。许多家庭的第二代和第三代不能继续发展父辈的企业，原因之一就是，他们的父辈白手起家时会小心提防各种陷阱，但继承者们缺乏这样的经验。

唐纳德和威妮弗蕾德的案例非常有现实意义。我们从中看到了努力工作、专注、勇气、不盲目从众和选择配偶的重要性。请牢记获得自我决定的生活的8个关键要素：

1. 深刻理解获得财务自由的关键：努力工作、正直、专注。
2. 永远不要让学习成绩阻碍你的经济产出能力。
3. 要有承担风险的勇气，学会战胜恐惧。
4. 选择一个独特、利润丰厚并且你热爱的职业。
5. 慎重选择配偶。高经济产出者的配偶都具备优秀的特质。

6.经营一个高经济产出的家庭。比起购买新的,许多财务自由者宁愿更倾向选择修理或翻新。

7.像财务自由者那样挑选房子,积极寻找、仔细地学习、搜索、谈判。

8.选择平衡的生活方式。享受与家人和朋友在一起的时光并不需要很多钱。

致　谢

我首先要感谢的是我的妻子珍妮特，感谢她在我写作过程中的建议、耐心和无私支持。没有珍妮特，这本书永远不可能面世。

感谢我的孩子萨拉和布拉德，他们在本书的写作过程中承担了研究助理的工作。萨拉完成了特别调查中所有的电脑分析任务，布拉德参与了数据编码和表格制作工作。

我要向编辑克里斯汀·席利格致以特别感谢。她绝对是一位眼光敏锐的专家，在工作中追求完美，树立了极高的标准。我还要感谢安德鲁斯—麦克米尔出版公司的总裁汤姆·桑顿，他对这本书的密切关注是我们的力量之源。

非常感谢佐治亚州立大学行为研究所调查研究中心，他们在社区调查、数据收集和表格制作中做出了重要贡献。感谢调查研究中心主任詹姆斯·巴森及其团队的辛勤努力，尤其感谢琳达·怀特、凯瑟琳·欣霍尔泽、泽尔达·麦克道尔、玛丽·安·莫尼和辛迪·伯勒斯。

特别感谢贝丝·戴在案例研究过程中组织的多次采访。

感谢长盛律师事务所的比尔·马里亚内斯,作为代理人,他表现出了非同寻常的专业水准。

还要感谢鲁思·蒂勒数次修改手稿的辛勤工作,感谢戴维·纳皮克对数据的处理,感谢阿特·吉福德对错综复杂的经济因素进行估值和分类。

衷心感谢莫莉·叶纳茨博士的明智建议、鼓励和支持。

图书在版编目（CIP）数据

自我决定的生活 / (美) 托马斯·斯坦利著 ; 庞子杰译 . — 北京 : 新星出版社 , 2024.6
ISBN 978-7-5133-5621-3

Ⅰ.①自⋯ Ⅱ.①托⋯ ②庞⋯ Ⅲ.①人生哲学 – 通俗读物 Ⅳ.① B821-49

中国国家版本馆 CIP 数据核字 (2024) 第 095363 号

自我决定的生活

[美] 托马斯·斯坦利 著
庞子杰 译

责任编辑	汪 欣	特约编辑	姜一鸣
营销编辑	陈兆鑫 周昕诺	装帧设计	陈慕阳
内文制作	田小波 张 典	责任印制	李珊珊 史广宜

出 版 人　马汝军
出　　版　新星出版社
　　　　　（北京市西城区车公庄大街丙3号楼8001　100044）
发　　行　新经典发行有限公司
　　　　　电话（010）68423599　　邮箱 editor@readinglife.com
网　　址　www.newstarpress.com
法律顾问　北京市岳成律师事务所
印　　刷　北京中科印刷有限公司
开　　本　880mm×1230mm 1/32
印　　张　10.5
字　　数　326 千字
版　　次　2024 年 6 月第 1 版　2024 年 6 月第 1 次印刷
书　　号　ISBN 978-7-5133-5621-3
定　　价　59.00 元

版权专有，侵权必究。如有印装质量问题，请发邮件至 zhiliang@readinglife.com

THE MILLIONAIRE MIND By THOMAS J.STANLEY, PH.D.
Copyright © 2001 BY THOMAS J.STANLEY, PH.D.
This edition arranged with ANDREWS MCMEEL PUBLISHING
Through BIG APPLE AGENCY, INC., LABUAN, MALAYSIA.
Simplified Chinese edition copyright © 2024 THINKINGDOM MEDIA GROUP LIMITED
All rights reserved.

著作版权合同登记号：01-2024-1370